文库

中国人道德修养读本

蔡元培　著

江西教育出版社
JIANGXI EDUCATION PUBLISHING HOUSE

图书在版编目（CIP）数据

中国人道德修养读本 / 蔡元培著. -- 南昌 : 江西教育出版社, 2018.3
（大家学术文库）
ISBN 978-7-5705-0013-0

Ⅰ. ①中… Ⅱ. ①蔡… Ⅲ. ①道德修养-中国 Ⅳ. ①B825

中国版本图书馆 CIP 数据核字(2017)第 317442 号

中国人道德修养读本

ZHONGGUOREN DAODE XIUYANG DUBEN

蔡元培 著

江西教育出版社出版

(南昌市抚河北路 291 号　邮编：330008)

各地新华书店经销

山东泰安新华印务有限责任公司印刷

635 毫米×960 毫米　16 开本　9.75 印张　字数 140.5 千字

2018 年 3 月第 1 版　2020 年 1 月第 2 次印刷

ISBN 978-7-5705-0013-0

定价：24.00 元

赣教版图书如有印装质量问题，请向我社调换　电话：0791-86706047

投稿邮箱：JXJYCBS@163.com　电话：0791-86705643

网址：http://www.jxeph.com

赣版权登字-02-2018-13

“大家学术文库”编者按

中国学术，昉自伏羲画卦，至周公制礼作乐而规模始备。其后，王官失守，孔子删述六经，创为私学，是为诸子百家之始。《庄子》曰：“道术将为天下裂。”孔子殁后，儒分为八；墨子殁后，墨分为三。诸子周游天下，游说诸侯，皆以起衰救弊、发明学术为务，各国亦以奖励学术、招徕人才为务，遂有田齐稷下学官之设。商鞅变法，诗书燔而法令明；始皇一统，儒士坑而黔首愚，当此之时，学在官府，以吏为师，先王之学，不绝如缕。至汉高以匹夫起自草泽，诛暴秦，解倒悬，中国学术始获一线生机。其后，汉惠废挟书之律，民间藏书重见天日。孝武之世，董子献“罢黜百家，表彰六经”之策，定六经于一尊。其后，虽有今古之分、儒释之争、汉宋之异、道学心学之别、义理考据之殊，而六经独尊之势，未曾移也。

及鸦片战起，国门洞开，欧风美雨，遍于中夏，诚“三千年未有之变局”。当此之时，国人震于列强之船坚炮利，思有以自强；又羡于西人之政教修明，思有以自效。于是有“变法守旧之争”“革命改良之争”“排满保皇之争”，而我国固有之学术传统，亦因之而起变化。清季罢科举而六经独尊之势蹩，蔡孑民废读经而六经独尊之势丧。当此之时，立论有疑古、信古、释古之别，学派有“古史辩”与“学衡”之争，学说有“文学革命”“思想革命”“文字革命”“伦理革命”诸说，师法有“师俄”“师日”“师西”之分，众说纷纭，莫衷一是，百家争鸣，复见于近代。

民国诸家，为阐明道术、解救时弊，著书立说、授课讲学，其学术思想，历久弥新，至今熠熠生辉，予人启迪。然近人著作，汗牛充栋，多如恒河之沙，使人难免望书兴叹，不知从何下手，穷其一生，亦难以卒读。因此之故，我社特精选最具代表性之近人著作62种，分为6辑，依次出版，俾读者略窥学术门墙，得进学之阶。此次选辑出版，虽未能穷尽近人学术之精品，难免有遗珠之憾；然能示人以门径，使人借此以知近人学术规模之宏大、体系之完密，亦不失我社编辑出版“大家学术文库”之初衷。

此次出版，为适应今人阅读习惯，提升丛书品质，我社特对所选书籍做了必要之编辑加工。总体说来，约有如下诸端：

一、改繁体竖排为简体横排；

二、核查各书引文，改讹正误；

三、规范各书之标点符号用法，为一些书加新式标点；

四、校改原稿印刷产生之错字、别字、衍字、脱字；

五、凡遇同一书稿中同一人名有两种及以上不同写法者，一律统改为常用写法。

除以上所举五点之外，其余一仍其旧，力求完整保持各书原貌。

然限于编者之有限学力，书中疏漏之处，在所难免，尚祈广大方家、读者诸君不吝批评斧正。

编者

2017年6月（农历丁酉郁蒸）

目录

国民修养散论

华工学校讲义

德育三十篇

合群

吾人在此讲堂，有四壁以障风尘；有案有椅，可以坐而作书。壁者，积砖而成；案与椅，则积板而成者也。使其散而为各各之砖与板，则不能有壁与案与椅之作用。又吾人皆有衣服以御寒。衣服者，积绵缕或纤毛而成者也。使其散而为各各之绵缕或纤毛，则不能有衣服之作用。又返而观吾人之身体，实积耳、目、手、足等种种官体而成。此等官体，又积无数之细胞而成。使其散而为各各之官体，又或且散而为各各之细胞，则亦焉能有视听行动之作用哉？

吾人之生活于世界也亦然。孤立而自营，则冻馁且或难免；合众人之力以营之，而幸福之生涯，文明之事业，始有可言。例如吾等工业社会，其始固一人之手工耳。集伙授徒，而出品较多。合多数之人以为大工厂，而后能适用机械，扩张利益。合多数工厂之人，组织以为工会，始能渐脱资本家之压制，而为思患预防造福将来之计。岂非合群之效与？

吾人最普通之群，始于一家。有家而后有慈幼、养老、分劳、侍疾之事。及合一乡之人以为群，而后有守望之助，学校之设。合一省或一国之人以为群，而后有便利之交通，高深之教育。使合全世界之人以为群，而有无相通，休戚与共，则虽有地力较薄、天灾偶行之所，均不难于补救，而兵战、商战之惨祸，亦得绝迹于世界矣。

舍己为群

积人而成群。群者，所以谋各人公共之利益也。然使群而危险，非群中之人出万死不顾一生之计以保群，而群将亡。则不得已而有舍己为群之义务焉。

舍己为群之理由有二：一曰，己在群中，群亡则己随之而亡。今舍己以救群，群果不亡，己亦未必亡也；即群不亡，而己先不免于亡，亦较之群己俱亡者为胜。此有己之见存者也。一曰，立于群之地位，以观群中之一人，其价值必小于众人所合之群。牺牲其一而可以济众，何惮不为？一人作如是观，则得舍己为群之一人；人人作如是观，则得舍己为群之众人。此无己之见存者也。见不同而舍己为群之决心则一。请以事实证之。一曰从军。战争，罪恶也，然或受野蛮人之攻击，而为防御之战，则不得已也。例如比之受攻于德，比人奋勇而御敌，虽死无悔，谁曰不宜？二曰革命。革命，未有不流血者也。不革命而奴隶于恶政府，则虽生犹死。故不惮流血而为之。例如法国一七八九年之革命，中国数年来之革命，其事前之鼓吹运动而被拘杀者若干人，临时奋斗而死伤者若干人，是皆基于舍己为群者也。三曰暗杀。暗杀者，革命之最简单手段也。歼魁而释从，惩一以儆百，而流血不过五步。古者如荆轲之刺秦王，近者如苏斐亚之杀俄帝尼科拉司第二，皆其例也。四曰为真理牺牲。真理者，和平之发见品也。然成为教会、君党、若贵族之所忌，则非有舍己为群之精神，不敢公言之。例如苏格拉底创新哲学，下狱而被鸩；哥白尼为新天文说，见仇于教皇；巴枯宁道无政府主义，而被囚被逐，是也。

其他如试演飞机、探险南北极之类，在今日以为敢死之事业，虽或由好奇竞胜者之所为，而亦有起于利群之动机者，得附列之。

注意公众卫生

古谚有云："千里不唾井。"言将有千里之行，虽不复汲此井，而不敢唾之以妨人也。殷之法，弃灰于道者有刑，恐其飞扬而眯人目也。孔子曰："君子敝帷不弃，为埋马；敝盖不弃，为埋狗。"言已死之狗、马，皆埋之，勿使暴露，以播其恶臭也。盖古人之注意于公众卫生者，既如此。

今日公众卫生之设备，较古为周。诚以卫生条件，本以清洁为一义。各人所能自营者，身体之澡浴，衣服之更迭，居室之洒扫而已。使其周围之所，污水停潴，废物填委，落叶死兽之腐败者，散布于道周，传染病之霉菌，弥漫于空气，则虽人人自洁其身体、衣服及居室，而卫生之的仍不达。夫是以有公众卫生之设备。例如沟渠必在地中，溷厕必有溜水，道路之扫除，弃物之运移，有专职，有定时，传染病之治疗，有特别医院，皆所以助各人卫生之所不及也。

吾既受此公众卫生之益，则不可任意妨碍之，以自害而害人。毋唾于地；毋倾垢水于沟渠之外；毋弃掷杂物于公共之道路若川流。不幸而有传染之疾，则亟自隔离，暂绝交际。其稍重者，宁移居医院，而勿自溷于稠人广众之间。此吾人对于公众卫生之义务也。

爱护公共之建筑及器物

往者园亭之胜，花鸟之娱，有力者自营之、而自赏之也。今则有公园以供普通之游散；有植物、动物等园，以为赏鉴及研究之资。往者宏博之图书，优美之造象与绘画，历史之纪念品，远方之珍异，有力者得收藏之，而不轻以示人也。今则有藏书楼，以供公众之阅览，有各种博物院，以兴美感而助智育。且也，公园之中，大道之旁，植列树以为庇荫，陈坐具以供休憩，间亦注引清水以资饮料。是等公共之建置，皆吾人共享之利益也。

吾人既有此共同享受之利益，则即有共同爱护之义务；而所以爱护之者，当视一己之住所及器物为尤甚。以其一有损害，则爽然失望者，不止己一人已也。

是故吾人而行于道路，游于公园，则勿以花木之可爱，而轻折其枝叶；勿垢污其坐具，亦勿践踏而刻画之；勿引杖以扰猛兽；勿投石以惊鱼鸟；入藏书楼而有所诵读，若抄录，则当慎护其书，毋使稍有污损；进博物院，则一切陈列品，皆可以目视，而不可手触。有一于此，虽或幸逃典守者之目，而不遭诮让，然吾人良心上之呵责，固不能幸免矣。

尽力于公益

凡吾人共同享受之利益，有共同爱护之责任，此于《注意公众卫生》及《爱护公共之建筑及器物》等篇，所既言者也。顾公益之既成者，吾人当爱之；其公益之未成者，吾人尤不得不建立之。

自昔吾国人于建桥、敷路，及义仓、义塾之属，多不待政府之经营，而相与集资以为之。近日更有独力建设学校者，如浙江之叶君澄衷，以小贩起家，晚年积资至数百万，则出其十分之一，以建设澄衷学堂。江苏之杨君锦春，以木工起家，晚年积资至十余万，则出其十分之三，以建设浦东中学校。其最著者矣。

虽然，公益之举，非必待富而后为之也。山东武君训，丐食以奉母，恨己之失学而流于乞丐也，立志积资以设一校，俾孤贫之子，得受教育，持之十余年，卒达其志。夫无业之乞丐，尚得尽力于公益，况有业者乎？

英之翰回，商人也，自奉甚俭，而勇于为善；尝造伦敦大道；又悯其国育婴院之不善，自至法兰西、荷兰诸国考察之；归而著书，述其所见，于是英之育婴院为之改良。其殁也，遗财不及二千金，悉以散诸孤贫者。英之沙伯，业织麻者也，后为炮厂书记，立志解放黑奴，尝因辩护黑奴之故，而研究民法，卒得直；又与同志设一放奴公司，黑奴之由此而被释者甚众。英之莱伯，铁工也，悯罪人之被赦者，辄因无业而再罹于罪，思有以救助之；其岁入不过百镑，悉心分配，一家衣食之用者若干，教育子女之费若干，余者用以救助被赦而无业之人。彼每日作工，自朝六时至晚六时，而以其暇时及安息日，为被赦之人谋职业。行之十年，所救助者凡三百余人。由此观之，人苟有志于公益，则无论贫富，未有不达其志者，勉之而已。

己所不欲勿施于人

子贡问于孔子曰："有一言而可以终身行之者乎？"孔子曰："其恕乎：己所不欲，勿施于人。"他日，子贡曰："我不欲人之加诸我也，我亦欲无加诸人。"举孔子所告，而申言之也。西方哲学家之言曰："人各自由，而以他人之自由为界。"其义正同。例如我有思想及言论之自由，不欲受人之干涉也，则我亦勿干涉人之思想及言论；我有保卫身体之自由，不欲受人之毁伤也，则我亦勿毁伤人之身体；我有书信秘密之自由，不欲受人之窥探也，则我亦慎勿窥人之秘密；推而我不欲受人之欺诈也，则我慎勿欺诈人；我不欲受人之侮慢也，则我亦慎勿侮慢人。事无大小，一以贯之。

顾我与人之交际，不但有消极之戒律，而又有积极之行为。使由前者而下一转语曰："以己所欲施于人。"其可乎？曰是不尽然。人之所欲，偶有因遗传及习染之不善，而不轨于正者。使一切施之于人，则亦或无益而有损。例如腐败之官僚，喜受属吏之谄媚也，而因以谄媚于上官，可乎？迷信之乡愚，好听教士之附会也，而因以附会于亲族，可乎？至于人所不欲，虽亦间有谬误，如恶闻、直言之类，然使充不欲勿施之义，不敢以直言进人，可以婉言代之，亦未为害也。

且积极之行为，孔子固亦言之曰："己欲立而立人，己欲达而达人。"立者，立身也；达者，道可行于人也。言所施必以立达为界，言所勿施则以己所不欲概括之，诚终身行之而无弊者矣。

责己重而责人轻

孔子曰："躬自厚，而薄责于人，则远怨矣。"韩退之又申明之曰："古之君子，其责己也重以周，其责人也轻以约。重以周，故不怠；轻以约，故人乐为善。"俱足以反证此义者，孟子言父子责善之非，而述人子之言曰："夫子教我以正，夫子未出于正也。"原伯及先且居皆以效尤为罪咎。椒举曰："唯无瑕者，可以戮人。"皆言责人而不责己之非也。

准人我平等之义，似乎责己重者，责人亦可以重，责人轻者，责己亦可以轻。例如多闻见者笑人固陋，有能力者斥人无用，意以为我既能之，彼何以不能也。又如怙过饰非者，每喜以他人同类之过失以自解，意以为人既为之，我何独不可为也。不知人我固当平等，而既有主观、客观之别，则观察之明晦，显有差池，而责备之度，亦不能不随之而进退。盖人之行为，常含有多数之原因：如遗传之品性，渐染之习惯，薰受之教育，拘牵之境遇，压迫之外缘，激刺之感情，皆有左右行为之势力。行之也为我，则一切原因，皆反省而可得。即使当局易迷，而事后必能审定。既得其因，则迁善改过之为，在此可以致力：其为前定之品性、习惯、及教育所驯致耶，将何以矫正之；其为境遇、外缘、及感情所逼成耶，将何以调节之。既往不可追，我固自怨自艾；而苟有不得已之故，决不虑我之不肯自谅。其在将来，则操纵之权在我，我何馁焉？至于他人，则其驯致与迫成之因，决非我所能深悉。使我任举推得之一因，而严加责备，宁有当乎？况人人各自有其重责之机会，我又何必越俎而代之？故责己重而责人轻，乃不失平等之真意，否则，迹若平而转为不平之尤矣。

勿畏强而侮弱

崧高之诗曰："人亦有言：柔则茹之，刚则吐之。唯仲山甫柔而不茹，刚亦不吐，不侮鳏寡，不畏强御。"人类之交际，彼此平等；

而古人乃以食物之茹、吐为比例，甚非正当；此仲山甫之所以反之，而自持其不侮弱、不畏强之义务也。

畏强与侮弱，其事虽有施受之殊，其作用亦有消极与积极之别。然无论何一方面，皆蔽于强弱不容平等之谬见。盖我之畏强，以为我弱于彼，不敢与之平等也。则见有弱于我者，自然以彼为不敢与我平等而侮之。又我之侮弱，以为我强于彼，不必与彼平等也，则见有强于我者，自然以彼为不必与我平等而畏之。迹若异而心则同。矫其一，则其他自随之而去矣。

我国壮侠义之行有曰："路见不平，拔刀相助。"言见有以强侮弱之事，则亟助弱者以抗强者也。夫强者尚未浼我，而我且进与之抗，则岂其浼我而转畏之；弱者与我无涉，而我且既而相助，则岂其近我而转侮之？彼拔刀相助之举，虽曰属之侠义，而抱不平之心，则人所皆有。吾人苟能扩充此心，则畏强侮弱之恶念，自无自而萌芽焉。

爱护弱者

前于《勿畏强而侮弱》说，既言抱不平理。此对于强、弱有冲突时而言也。实则吾人对于弱者，无论何时，常有恻然不安之感想。盖人类心理，以平为安，见有弱于我者，辄感天然之不平，而欲以人力平之。损有余以益不足，此即爱护弱者之原理也。

在进化较浅之动物，已有实行此事者。例如秘鲁之野羊，结队旅行，遇有猎者，则羊之壮而强者，即停足而当保护之冲，俟全队毕过，而后殿之以行。鼠类或以食物饷其同类之瞽者。印度之小鸟，于其同类之瞽者、或受伤者，皆以时赡养之。曾是进化之深如人类，而羊、鼠、小鸟之不如乎？今日普通之人，于舟车登降之际，遇有废疾者，辄为让步，且值其艰于登降而扶持之。坐车中或妇女至而无空座，则起而让之；见其所携之物，有较繁重者，辄为传递而安顿。此皆爱护弱者之一例也。

航行大海之船，猝遇不幸，例必以救生之小舟，先载妇孺。俟有余地，男子始得而占之。其有不明理之男子，敢与妇孺争先者，虽枪毙之，而不为忍。为爱护弱者计，急不暇择故也。

战争之不免杀人，无可如何也。然已降及受伤之士卒，敌国之妇孺，例不得加以残害。德国之飞艇及潜水艇，所加害者众矣；而舆论攻击，尤以其加害于妇孺为口实。亦可以见爱护弱者，为人类之公意焉。

爱物

孟子有言："亲亲而仁民，仁民而爱物。"人苟有亲仁之心，未有不推以及物者，故曰："君子之于禽兽也：见其生，不忍见其死，闻其声，不忍食其肉。"孟孙猎，得麑，使秦西巴载之，持归，其母随之，秦西巴弗忍而与之。孟孙大怒，逐之。居三月。复召以为子傅，曰："夫不忍于麑，又且忍于儿乎？"可以证爱人之心，通于爱物，古人已公认之。自近世科学进步，所以诱导爱物之心者益甚。其略如下：

一、古人多持"神造动物以供人用"之说。齐田氏祖于庭，食客千人。中有献鱼雁者。田氏视之，乃叹曰："天之于民厚矣！殖五谷，生鱼鸟，以为之用。"众客和之如响。鲍氏之子，年十二，预于次，进曰："不如君言。天地万物，与我并生，类也。类无贵贱，徒以大小智力而相制，迭相食，非相为而生之。人取可食者而食之，岂天本为人生之？且蚊蚋噆肤，虎狼食肉，岂天本为蚊蚋生人，虎狼生肉者哉？"鲍氏之言进矣。自有生物进化学，而知人为各种动物之进化者，彼此出于同祖，不过族属较疏耳。

二、古人又持"动物唯有知觉，人类独有灵魂"之说。自生理学进步，而知所谓灵魂者，不外意识之总体。又自动物心理学进步，而能言之狗，知算之马，次第发现，亦知动物意识，固亦犹人，特程度较低而已。

三、古人助力之具，唯赖动物；竭其力而犹以为未足，则恒以鞭策叱咤临之，故爱物之心，常为利己心所抑沮。自机械繁兴，转运工业，耕耘之工，向之利用动物者，渐以机械代之。则虐使动物之举，为之渐减。

四、古人食肉为养生之主要。自卫生发见肉食之害，不特为微生虫之传导，且其强死之时，发生一种毒性，有妨于食之者。于是蔬食主义渐行，而屠兽之场可望其日渐淘汰矣。

方今爱护动物之会，流行渐广，而屠猎之举，一时未能绝迹；然授之以渐，必有足以完爱物之量者。昔晋翟庄耕而后食，唯以弋钓为事，及长不复猎。或问：“渔猎同是害生之事，先生只去其一，何哉？”庄曰：“猎是我，钓是物，未能顿尽，故先节其甚者。”晚节亦不复钓。全世界爱物心之普及，亦必如翟庄之渐进，无可疑也。

戒失信

失信之别有二：曰食言，曰愆期。

食言之失，有原于变计者，如晋文公伐原，命三日之粮，原不降，命去之。谍出曰：“原将降矣。”军吏曰：“请待之。”是也。有原于善忘者，如卫献公戒孙文子、宁惠子食，日旰不召，而射鸿于囿，是也。有原于轻诺者，如老子所谓“轻诺必寡信”是也。然晋文公闻军吏之言而答之曰：“得原失信，将焉用之？”见变计之不可也。魏文侯与群臣饮酒乐，而天雨，命驾，将适野。左右曰：“今日饮酒乐，天又雨，君将安之？”文侯曰：“吾与虞人期猎，虽乐，岂可无一会期哉？”乃往身自罢之，不敢忘约也。楚人谚曰：“得黄金百，不如得季布诺。”言季布不轻诺，诺则必践也。

愆期之失，有先期者，有后期者，有待人者，有见待于人者。汉郭伋行部，到西河美稷，有童儿数百，各骑竹马，道次迎拜。及事讫，诸儿复送至郭外，问使君何日当还。伋计日告之。行部既还，先期一日，伋谓违信于诸儿，遂止于野，及期乃入。明不当先期也。汉陈太丘与友期行日中，过中不至。太丘舍去。去后乃至。元方时七岁，戏门外。客问元方：“尊君在否？”答曰：“待君久不至，已去。”友人便怒曰：“非人哉，与人期行，相委而去。”元方曰：“君与家君期，日中不至，则是失信。”友人惭。明不可后期也。唐肖至忠少与友期诸路。会雨雪。人引避。至忠曰：“岂有与人期，可以失信？”友至，乃去。众叹服。待人不愆期也。吴卓恕为人笃信，言不宿诺，与人期约，虽暴风疾雨冰雪无不至。尝从建业还家，辞诸葛恪。恪问何时当复来。恕对曰：“某日当复亲觐。”至是日，恪欲为主人，停不饮食，以须恕至。时宾客会者，皆以为会稽、建业相去千里，道阻江湖，风波难必，岂得如期。恕至，一座皆惊。见待于人而不愆期也。

夫人与人之关系，所以能预计将来，而一一不失其秩序者，恃有约言。约而不践，则秩序为之紊乱，而猜疑之心滋矣。愆期之失，虽若轻于食言，然足以耗光阴而丧信用，亦不可不亟戒之。

戒狎侮

人类本平等也。而或乃自尊而卑人，于是有狎侮。如王曾与杨亿同为侍从。亿善谈谑，凡寮友无所不狎侮，至与曾言，则曰：“吾不敢与戏。”非以自曾以外，皆其所卑视故耶？人类有同情也。而或者乃置人于不快以为快，于是狎侮。如王风使人蒙虎皮，怖其参军陆英俊几死，因大笑为乐是也。夫吾人以一时轻忽之故，而致违平等之义，失同情之真，又岂得不戒之乎？

古人常有因狎侮而得祸者。如许攸恃功骄慢，尝于聚坐中呼曹操小字曰：“某甲，卿非吾不得冀州也。”操笑曰：“汝言是也。”然内不乐，后竟杀之。又如严武以世旧待杜甫甚厚，亲诣其家，甫见之，或时不中，而性褊躁，常醉登武床，瞪视曰：“严挺之乃有此儿。”武衔之。一日欲杀甫，左右白其母，救得止。夫操、武以不堪狎侮而杀人，固为残暴；然许攸、杜甫，独非自取其咎乎？

历史中有以狎侮而启国际间之战争者。春秋时，晋郤克与鲁臧、孙许同时而聘于齐，齐君之母肖同侄子，踊于踣而窥客，则客或跛或眇。于是使跛者迓跛者，眇者迓眇者，肖同侄子笑之，闻于客。二大夫归，相与率师为鞍大战。齐师大败。盖狎侮之祸如此。

其狎侮人而不受何种之恶报者，亦非无之。如唐高固久在散位，数为侪类所轻笑，及被任为邠宁节度使，众多惧。固一释不问。宋孙文懿公，眉州人，少时家贫，欲赴试京师，自诣县判状。尉李昭言戏之曰："似君人物来试京师者有几？"文懿以第三登第，后判审官院。李昭言者，赴调见文懿，恐甚，意其不忘前日之言也。文懿特差昭言知眉州。如斯之类，受狎侮者诚为大度，而施者已不胜其恐惧矣。然则何乐而为之乎？

是故按之理论，验之事实，狎侮之不可不戒也甚明。

戒谤毁

人皆有是非之心：是曰是，非曰非，宜也。人皆有善善恶恶之情：善者善之，恶者恶之，宜也。唯是一事之是非，一人之善恶，其关系至为复杂，吾人一时之判断，常不能据为定评。吾之所评为是、为善，而或未当也，其害尚小。吾之所评为非、为恶，而或不当，则其害甚大。是以吾人之论人也，苟非公益之所关，责任之所在，恒扬其是与善者，而隐其非与恶者。即不能隐，则见为非而非之，见为恶而恶之，其亦可矣。若本无所谓非与恶，而我虚构之，或其非与恶之程度本浅，而我深文周纳之，则谓之谤毁。谤毁者，吾人所当戒也。

吾人试一究谤毁之动机，果何在乎？将忌其人名誉乎？抑以其人之失意为有利于我乎？抑以其人与我有宿怨，而以是中伤之乎？凡若此者，皆问之良心，无一而可者也。凡毁谤人者，常不能害人，而适以自害。汉申咸毁薛宣不孝，宣子况赇客杨明遮斫咸于宫门外。中丞议不以凡斗论，宜弃市。朝廷直以为遇人，不以义而见痍者，宜与痍人同罪，竟减死。今日文明国法律，或无故而毁人名誉，则被毁者得为赔偿损失之要求，足以证谤毁者之适以自害矣。

古之被谤毁者，亦多持不校之义，所谓止谤莫如自修也。汉班超在西域，卫尉李邑上书，陈西域之功不可成，又盛毁超。章帝怒，切责邑，令诣超受节度。超即遣邑将乌孙侍子还京师。徐干谓超曰：

“邑前毁君，欲败西域，今何不缘诏书留之，遣他吏送侍子乎？”超曰：“以邑毁超，故今遣之。内省不疚。何恤人言？”北齐崔暹言文襄宜亲重邢劭。劭不知，顾时毁暹。文襄不悦，谓暹曰：“卿说子才（劭字子才）长，子才专言卿短。此痴人耳。”暹曰：“皆是实事。劭不为痴。”皆其例也。虽然，受而不校，固不失为盛德；而自施者一方面观之，不更将无地自容耶？吾人不必问受者之为何如人，而不可不以施为戒。

戒骂詈

吾国人最易患之过失，其骂詈乎？素不相识之人，于无意之中，偶相触迕，或驱车负担之时，小不经意，彼此相撞，可以互相谢过了之者，辄矢口骂詈，经时不休。又或朋友戚族之间，论事不合，辄以骂詈继之。或斥以畜类，或辱其家族。此北自幽燕，南至吴粤，大略相等者也。

夫均是人也，而忽以畜类相斥，此何义乎？据生物进化史，人类不过哺乳动物之较为进化者；而爬虫实哺乳动物之祖先。故二十八日之人胎，与日数相等之狗胎、龟胎，甚为类似。然则斥以畜类，其程度较低之义耶？而普通之人，所见初不如是。汉刘宽尝坐有客，遣苍头沽酒。迟久之。大醉而还。客不堪之，骂曰：“畜产。”宽须臾，遣人视奴，疑必自杀，顾左右曰：“此人也，骂言畜产，辱孰甚焉，故我惧其死也。”又苻秦时，王堕性刚峻，疾董荣如仇雠，略不与言，尝曰：“董龙是何鸡狗者，令国士与之言乎？”（龙为董荣之小字）荣闻而惭憾，遂劝苻生杀之。及刑，荣谓堕曰：“君今复敢数董龙作鸡狗乎。”夫或恐自杀，或且杀人，其激刺之烈如此。而今之人，乃以是相詈，恬不为怪，何欤？

父子兄弟，罪不相及，怒一人而辱及其家族，又何义乎？昔卫孙蒯饮马于重丘，毁其瓶，重丘人诟之曰：“尔父为厉。”齐威王之见责于周安王也，詈之曰：“叱嗟，尔母婢也。”此古人之诟及父母者也。其加以秽辞者，唯嘲戏则有之。《抱朴子·疾谬篇》曰："嘲戏之谈，或及祖考，下逮妇女。"既斥为谬而疾之。陈灵公与孔宁、仪行父通于夏徵舒之母，饮酒于夏氏。公谓行父曰："徵舒似汝。"对曰："亦似君。"灵公卒以是为徵舒所杀。而今之人乃以是相詈，恬不为怪，何欤？

无他，口耳习熟，则虽至不合理之词，亦复不求其故；而人云亦云，如叹词之暗呜咄咤云耳。《说苑》曰："孔子家儿不知骂，生而善教也。"愿明理之人，注意于陋习而矫正之。

文明与奢侈

读人类进化之历史：昔也穴居而野处，今则有完善之宫室；昔也饮血茹毛，食鸟兽之肉而寝其皮，今则有烹饪、裁缝之术；昔也束薪而为炬，陶土而为灯，而今则行之以煤气及电力；昔也椎轮之车，刳木之舟，为小距离之交通，而今则汽车及汽舟，无远弗届；其他一切应用之物，昔粗而今精，昔简单而今复杂，大都如是。故以今较昔，器物之价值，百倍者有之，千倍者有之，甚而万倍、亿倍者亦有之，一若昔节俭而今奢侈，奢侈之度，随文明而俱进。是以厌疾奢侈者，至于并一切之物质文明而屏弃之，如法之卢梭，俄之托尔斯泰是也。

虽然，文明之与奢侈，固若是其密接而不可离乎？是不然。文明者，利用厚生之普及于人人者也。敷道如砥，夫人而行之；漉水使洁，夫人而饮之；广衢之灯，夫人而利其明；公园之音乐，夫人而聆其音；普及教育，平民大学，夫人而可以受之；藏书楼之书，其数巨万，夫人而可以读之；博物院之美术品，其值不赀，夫人而可以赏鉴之。夫是以谓之文明。且此等设施，或以卫生，或以益智，或以进德，其所生之效力，有百千万亿于所费者。故所费虽多，而不得以奢侈论。

奢侈者，一人之费，逾于普通人所费之均数，而又不生何等之善果，或转以发生恶影响。如《吕氏春秋》所谓"出则以车，入则以辇，务以自佚，命之曰招蹶之机；肥酒厚肉，务以自彊，命之曰烂肠之食”是也。此等恶习，本酋长时代所遗留。在昔普通生活低度之时，凡所谓峻宇雕墙，玉杯象箸，长夜之饮，游畋之乐，其超越均数之费者何限？普通生活既渐高其度，即有贵族富豪以穷奢极侈著，而其超越均数之度，决不如酋长时代之甚。故知文明益进，则奢侈益杀。谓今日之文明，尚未能剿灭奢侈则可；以奢侈为文明之产物，则大不可也。吾人当详观文明与奢侈之别，尚其前者，而戒其后者，则折衷之道也。

理信与迷信

人之行为，循一定之标准，而不至彼此互相冲突，前后判若两人者，恃乎其有所信。顾信亦有别，曰理信，曰迷信。差以毫厘，失之千里，不可不察也。

种瓜得瓜，种豆得豆，有是因而后有是果，尽人所能信也。昧理之人，于事理之较为复杂者，辄不能了然。于其因果之相关，则妄归其因于不可知之神，而一切倚赖之。其属于幸福者，曰是神之喜我而佑我也，其属于不幸福者，曰是神之怒而祸我也。于是求所以喜神而免其怒者，祈祷也，祭告也，忏悔也，立种种事神之仪式，而于其所求之果，渺不相涉也。然而人顾信之，是迷信也。

础润而雨，征诸湿也；履霜坚冰至，验诸寒也；敬人者人恒敬之，爱人者人恒爱之，符诸情也；见是因而知其有是果，亦尽人所能信也。昧理之人，既归其一切之因于神，而神之情不可得而实测也，于是不胜其侥幸之心，而欲得一神人间之媒介，以为窥测之机关，遂有巫觋卜人星士之属，承其乏而自欺以欺人：或托为天使，或夸为先知，或卜以龟蓍，或占诸星象，或说以梦兆，或观其气色，或推其诞生年月日时，或相其先人之坟墓，要皆为种种预言之准备，而于其所求果之真因，又渺不相涉也。然而人顾信之，是亦迷信也。

理信则不然，其所见为因果相关者，常积无数之实验，而归纳以得之，故恒足以破往昔之迷信。例如日食、月食，昔人所谓天之警告也，今则知为月影、地影之偶蔽，而可以预定其再见之时。疫疠，昔人所视为神谴者也，今则知为微生物之传染，而可以预防。人类之所以首出万物者，昔人以为天神创造之时，赋畀独厚也；今则知人类为生物进化中之一级，以其观察自然之能力，同类互助之感情，均视他种生物为进步，故程度特高也。是皆理信之证也。

人能祛迷信而持理信，则可以省无谓之营求及希冀，以专力于有益社会之事业，而日有进步矣。

循理与畏威

人生而有爱己爱他之心象，因发为利己利他之行为。行为之己他两利，或利他而不暇利己者为善。利己之过，而不惜害他人者为恶。此古今中外之所同也。

蒙昧之世，人类心象尚隘，见己而不及见他，因而利己害他之行为，所在多有。有知觉较先者，见其事之有害于人群，而思所以防止之，于是有赏罚：善者赏之，恶者罚之，是法律所托始也。是谓酋长之威。酋长之赏罚，不能公平无私也；而其监视之作用，所以为赏罚标准者，又不能周密而无遗。于是隶属于酋长者，又得趋避之术，而不惮于恶；而酋长之威穷。

有济其穷者曰："人之行为，监视之者，不独酋长也，又有神。吾人即独居一室，而不啻十目所视，十手所指。为善则神赐之福，为恶则神降之罚。神之赏罚，不独于其生前，而又及其死后：善者登天堂，而恶者入地狱。"或又为之说曰："神之赏罚，不独于其身，而又及其子孙：善者子孙多且贤，而恶者子孙不肖，甚者绝其嗣。"或又为之说曰："神之赏罚，不唯于其今生也，而又及其来世：善者来世为幸福之人，而恶者则转生为贫苦残废之人，甚者为兽畜。"是皆宗教家之所传说也。是谓神之威。

虽然，神之赏罚，其果如斯响应乎？其未来之苦乐，果足以抑现世之刺冲乎？故有所谓神之威，而人之不能免于恶如故。

且君主也，官吏也，教主也，辄利用酋长之威，及神之威，以强人去善而为恶。其最著者，政治之战、宗教之战是也。于是乎威者不但无成效，而且有流弊。

人智既进，乃有科学。科学者，舍威以求理者也。其理奈何？曰，我之所谓己，人之所谓他也。我之所谓他，人之所谓己也。故观其通，则无所谓己与他，而同谓之人。人之于人，无所不爱，则无所不利。不得已而不能普利，则牺牲其最少数者，以利其最大多数者，初不必问其所牺牲者之为何人也。如是，则为善最乐，又何苦为恶耶？

吾人之所为，既以理为准则，自然无恃乎威；且于流弊滋章之威，务相率而廓清之，以造成自由平等之世界，是则吾人之天责也。

坚忍与顽固

《汉书·律历》云："凡律度量衡用铜。为物至精，不为燥湿寒暑变其节，不为风雨暴露改其形，介然有常，有似于士君子之行。是以用铜。"《考工记》曰："金有六齐：六分其金而锡居一，谓之链鼎之齐；五分其金而锡居一，谓之斧斤之齐；四分其金而锡居一，谓之戈戟之齐；三分其金而锡居一，谓之大刃之齐；五分其金而锡居二，谓之削杀矢之齐；金锡半，谓之鉴燧之齐。"贾疏曰："金谓铜也。"然则铜之质，可由两方面观察之：一则对于外界傥来之境遇，不为所侵蚀也；二则应用于器物之制造，又能调合他金属之长，以自成为种种之品格也。所谓有似于士君子之行者，亦当合两方面而观之。孔子曰："匹夫不可夺志。"孟子曰："富贵不能淫，贫贱不能移，威武不能屈。"非犹夫铜之不变而有常乎？是谓坚忍。孔子曰："见贤思齐焉。"又曰："多闻择善者而从之。"孟子曰："乐取于人以为善。"荀子曰："君子之学如蜕。"非犹夫铜之资锡以为齐乎？是谓不顽固。

坚忍者，有一定之宗旨以标准行为，而不为反对宗旨之外缘所憧扰，故遇有适合宗旨之新知识，必所欢迎。顽固者本无宗旨，徒对于不习惯之革新，而为无意识之反动；苟外力遇其堕性，则一转而不之返。是故坚忍者必不顽固，而顽固者转不坚忍也。

不观乎有清之季世乎？满洲政府，自慈禧太后以下，因仇视新法之故，而仇视外人，遂有“义和团”之役，可谓顽固矣。然一经庚子联军之压迫，则向之排外者，一转而反为媚外。凡为外人，不问贤否，悉崇拜之；凡为外俗，不问是非，悉仿效之。其不坚忍为何如耶？革命之士，慨政俗之不良，欲输入欧化以救之，可谓不顽固矣。经政府之反对，放逐囚杀，终不能夺其志。其坚忍为何如耶？坚忍与顽固之别，观夫此而益信。

自由与放纵

自由，美德也。若思想，若身体，若言论，若居处，若职业，若集会，无不有一自由之程度。若受外界之压制，而不及其度，则尽力以争之，虽流血亦所不顾，所谓“不自由毋宁死”是也。然若过于其度，而有愧于己，有害于人，则不复为自由，而谓之放纵。放纵者，自由之敌也。

人之思想不缚于宗教，不牵于俗尚，而一以良心为准。此真自由也。若偶有恶劣之思想，为良心所不许，而我故纵容之，使积渐扩张，而势力遂驾于良心之上，则放纵之思想而已。

饥而食，渴而饮，倦而眠，卫生之自由也。然使饮食不节，兴寐无常，养成不良之习惯，则因放纵而转有害于卫生矣。

喜而歌，悲而哭，感情之自由也。然而里有殡，不巷歌，寡妇不夜哭，不敢放纵也。

言论可以自由也，而或乃讦发阴私，指挥淫盗；居处可以自由也，而或于其间为危险之制造，作长夜之喧嚣；职业可以自由也，而或乃造作伪品，贩卖毒物；集会可以自由也，而或以流布迷信，恣行奸邪。诸如此类，皆逞一方面极端之自由，而不以他人之自由为界，皆放纵之咎也。

昔法国之大革命，争自由也，吾人所崇拜也。然其时如罗伯士比及但丁之流，以过度之激烈，恣杀贵族，酿成恐怖时代，则由放纵而流于残忍矣。近者英国妇女之争选举权，亦争自由也，吾人所不敢菲薄也。然其胁迫政府之策，至于烧毁邮件，破坏美术品，则由放纵而流于粗暴矣。夫以自由之美德，而一涉放纵，则且流于粗暴或残忍之行为而不觉，可不慎欤？

镇定与冷淡

世界蕃变，常有一时突起之现象，非意料所及者。普通人当之，恒不免张皇无措。而弘毅之才，独能不动声色，应机立断，有以扫众人之疑虑，而免其纷乱，是之谓镇定。

昔诸葛亮屯军于阳平，唯留万人守城。司马懿垂至，将士失色，莫之为计。而亮意气自若，令军中偃旗息鼓，大开西城门，扫地却洒。懿疑有伏，引军趋北山。宋刘几知保州，方大会宾客；夜分，忽告有卒为乱；几不问，益令折花劝客。几已密令人分捕，有顷禽至。几复极饮达旦。宋李允则尝宴军，而甲仗库火。允则作乐饮酒不辍。少顷，火息，密檄瀛州以茗笼运器甲，不浃旬，军器完足，人无知者。真宗诘之。曰：“兵机所藏，儆火甚严。方宴而焚，必奸人所为。若舍宴救火，事当不测。”是皆不愧为镇定矣。

镇定者，行所无事，而实大有为者也。若目击世变之亟，而曾不稍受其刺激，转以清静无为之说自遣，则不得谓之镇定，而谓之冷淡。

晋之叔世，五胡云扰。王衍居宰辅之任，不以经国为念，而雅咏玄虚。后进之士，景慕仿效，矜高浮诞，遂成风俗。洛阳危逼，多欲迁都以避其难；而衍独卖牛车以安众心。事若近乎镇定。然不及为备，俄而举军为石勒所破。衍将死，顾而言曰：“呜呼，吾曹虽不如古人，向若不祖尚浮虚，戮力以匡天下，犹不至今日。”此冷淡之失也。

宋富弼致政于家，为长生之术，吕大临与之书曰：“古者三公无职事，唯有德者居之：内则论道于朝，外则主教于乡，古之大人，当是任者，必将以斯道觉斯民，成己以成物，岂以位之进退，年岁之盛衰，而为之变哉？今大道未明，人趋异学，不入于庄，则入于释，人伦不明，万物憔悴。此老成大人恻隐存心之时，以道自任，振起坏俗。若夫移精变气，务求长年，此山谷避世之士，独善其心者之所好，岂世之所以望于公者。”弼谢之。此极言冷淡之不可也。

观衍之临死而悔，弼之得书而谢，知冷淡之弊，不独政治家，即在野者，亦不可不深以为戒焉。

热心与野心

孟子有言："鸡鸣而起，孳孳为善者，舜之徒也；鸡鸣而起，孳孳为利者，跖之徒也。”二者，孳孳以为之同，而前者以义务为的，谓之“热心”；后者以权利为的，谓之“野心”。禹思天下有溺者，犹己溺之；稷思天下有饥者，犹己饥之；此热心也。故禹平水土，稷教稼穑，有功于民。项羽观秦始皇帝曰："彼可取而代也”；刘邦观秦始皇帝曰："嗟夫！大丈夫当如是也。”此野心也。故暴秦既灭，刘、项争为天子，血战五年。羽尝曰："天下汹汹数岁者，徒为吾两人耳。”野心家之贻害于世，盖如此。

美利坚之独立也，华盛顿尽瘁军事，及七年之久。立国以后，革世袭君主之制，而为选举之总统。其被举为总统也，综理政务，至公无私。再任而退职，躬治农圃，不复投入政治之旋涡。及其将死，以家产之一部分，捐助公共教育及其他慈善事业。可谓有热心而无野心者矣。

世固有无野心而并熄其热心者。如长沮桀溺曰："滔滔者天下皆是也，而谁与易之？”马少游曰："士生一世，但取衣食裁足，乘下泽车，御款段马，守坟墓，乡里称善人，斯可矣。”是也。凡隐遁之士，多有此失；不知人为社会之一分子，其所以生存者，无一非社会之赐。顾对于社会之所需要，漠然置之，而不一尽其力之所能及乎？范仲淹曰："士当先天下之忧而忧，后天下之乐而乐。”李燔曰："凡人不必待仕宦有位为职事方为功业，但随力到处，有以及物，即功业矣。”谅哉言乎！

且热心者，非必直接于社会之事业也。科学家闭户自精，若无与世事，而一有发明，则利用厚生之道，辄受其莫大之影响。高上之文学，优越之美术，初若无关于实利，而陶铸性情之力，莫之与京。故孳孳学术之士，不失为热心家。其或恃才傲物，饰智惊愚，则又为学术界之野心，亦不可不戒也。

英锐与浮躁

黄帝曰：“日中必熭，操刀必割。”《吕氏春秋》曰：“力重突，知贵卒。所为贵骥者，为其一日千里也；旬日取之，与驽骀同。所为贵镞矢者，为其应声而至；终日而至，则与无至同。”此言英锐之要也。周人之谚曰：“畏首畏尾，身其余几。”诸葛亮之评刘繇、王郎曰：“群疑满腹，众难塞胸。”言不英锐之害也。

楚丘先生年七十。孟尝君曰：“先生老矣。”曰：“使逐兽麋而搏虎豹，吾已老矣；使出正词而当诸侯，决嫌疑而定犹豫，吾始壮矣。”此老而英锐者也。范滂为清诏使，登车揽辔。慨然有澄清天下之志。此少而英锐者也。

少年英锐之气，常远胜于老人。然纵之太过，则流为浮躁。苏轼论贾谊、晁错曰：“贾生天下奇才，所言一时之良策。然请为属国，欲系单于，则是处士之大言，少年之锐气。兵，凶事也，尚易言之，正如赵括之轻秦，李俱之易楚。若文帝亟用其说，则天下殆将不安矣。使贾生尝历艰难，亦必自悔其说，至于晁错，尤号刻薄，为御史大夫，申屠贤相，发愤而死，更改法令，天下骚然。至于七国发难，而错之术穷矣。”韩愈论柳宗元曰：“子厚前时少年，勇于为人，不自贵重，顾借谓功业可立就，故坐废退，材不为世用，道不行于时。使子厚在台省时，已能自持其身，如司马刺史时，亦自不斥。”皆惜其英锐之过，涉于浮躁也。夫以贾、晁、柳三氏之才，而一涉浮躁，则一蹶不振，无以伸其志而尽其才。况其才不如三氏者，又安得不兢兢焉以浮躁为戒乎？

果敢与卤莽

人生于世，非仅仅安常而处顺也，恒遇有艰难之境。艰难之境，又非可畏惧而却走也，于是乎尚果敢。虽然，果敢非盲进之谓。盲进者，卤莽也。果敢者，有计划，有次第，持定见以进行，而不屈不挠，非贸然从事者也。

禹之治水也，当洪水滔天之际，而其父方以无功见殛，其艰难可知矣。禹于时毅然受任而不辞。凿龙门，辟伊阙，疏九江，决江淮，九年而水土平。彼盖鉴于其父之恃堤防而逆水性、以致败也，一以顺水性为主义。其疏凿排导之功，悉循地势而分别行之，是以奏绩。

墨翟之救宋也，百舍重茧而至楚，以窃疾说楚王。王既无词以对矣，乃托词于公输般之既为云梯，非攻宋不可。墨子乃解带为城，以褋为械，使公输般攻之。公输般九设攻城之机变，墨子九距之。公输般之攻械尽，墨子之守圉有余。公输般诎而曰："吾知所以距子矣，吾不言。"墨子亦曰："吾知子之所以距我，吾不言。"楚王问其故。墨子曰："公输子之意，不过欲杀臣。杀臣，宋莫能守，可攻也。然臣之弟子禽滑厘等三百人，已持臣守圉之器，在城上而待楚寇矣，虽杀臣不能绝也。"楚王曰："善哉！吾请无攻宋。"夫以五千里之楚，欲攻五百里之宋，而又在攻机新成、跃跃欲试之际，乃欲以一处士之口舌阻之，其果敢为何如？虽然，使墨子无守圉之具，又使有其具而无代为守圉之弟子，则墨子亦徒丧其身，而何救于国哉？

蔺相如之奉璧于秦也，挟数从者，赍价值十二连城之重宝，而入虎狼不测之秦，自相如以外，无敢往者。相如既至秦，见秦王无意偿城，则严词责之，且以头璧俱碎之激举胁之。虽贪横无信之秦王，亦不能不为之屈也。非洞明敌人之心理，而预定制御之道，乌能从容如此耶？

夫果敢者，求有济于事，非沾沾然以此自矜也。观于三子之功，足以知果敢之不同于卤莽，而且唯不卤莽者，始得为真果敢矣。

精细与多疑

《吕氏春秋》曰："物多类，然而不然。"孔子曰："恶似而非者：恶莠，恐其乱苗也，恶紫，恐其乱朱也，恶郑声，恐其乱雅乐也，恶佞，恐其乱义也，恶利口，恐其乱信也，恶乡愿，恐其乱德也。"《淮南子》曰："嫌疑肖象者，众人之所眩耀：故狠者，类知而非知；愚者，类仁而非仁；戆者，类勇而非勇。"夫物之类似者，大都如此，故人不可以不精细。

孔子曰："众好之，必察焉；众恶之，必察焉。"又曰："视其所以，观其所由，察其所安，人焉度哉？"庄子曰："人者厚貌深情，故君子远使之而观其敬，烦使之而观其能，卒然问之而观其知，急与之期而观其信，委之以财而观其仁，告之以危而观其节。"皆观人之精细者也。不唯观人而已，律己亦然。曾子曰："吾日三省吾身：为人谋而不忠乎？与朋友交而不信乎？传不习乎？"孟子曰："有人于此，其待我以横逆，则君子必自反：我必不仁也，必无礼也，此物奚宜至哉？其自反而仁矣，自反而有礼矣，其横逆由是也，君子必自反也：我必不忠。自反而忠矣，其横逆由是也，君子曰，此亦妄人也已矣。"盖君子之律己，其精细亦如是。

精细非他，视心力所能及而省察之云尔。若不事省察，而妄用顾虑，则谓之多疑。列子曰："人有亡鈇者，意其邻之子；视其行步，窃鈇也；颜色，窃鈇也；动作态度，无为而不窃鈇也。俄而扬其谷，而得其鈇。"荀子曰："夏首之南有人焉，曰涓蜀梁。其为人也，愚而善畏，明月而宵行，俯视其影，以为伏鬼也，仰视其变，以为立魅也，背而走，比至其家，失气而死。"皆言多疑之弊也。

其他若韩昭侯恐泄梦言于妻子而独卧；五代张允，家资万计，日携众钥于衣下。多疑如此，皆所谓"天下本无事，庸人自扰之"者也。其与精细，岂可同日语哉？

尚洁与太洁

华人素以不洁闻于世界：体不常浴，衣不时浣，咯痰于地，拭涕于袖，道路不加洒扫，厕所任其熏蒸，饮用之水，不加滲漉，传染之病，不知隔离。小之损一身之康强，大之酿一方之疫疠。此吾侪所痛心疾首，而愿以尚洁互相劝勉者也。

虽然，尚洁亦有分际。沐浴洒扫，一人所能自尽也；公共之清洁，可互约而行之者也。若乃不循常轨，矫枉而过于正，则其弊亦多。

南宋何佟之，一日洗濯十余遍，犹恨不足；元倪瓒盥颒频易水，冠服拂拭，日以数十计，斋居前后树石频洗拭；清洪景融每麴面，辄自旦达午不休。此太洁而废时者也。

南齐王思远，诸客有诣己者，觇知衣服垢秽，方便不前，形仪新楚，乃与促膝，及去之后，犹令二人交拂其坐处。庾炳之，士大夫未出户，辄令人拭席洗床；宋米芾不与人共巾器。此太洁而妨人者也。

若乃采访风土，化导夷蛮，挽救孤贫，疗护疾病，势不得不入不洁之地，而接不洁之人。使皆以好洁之故，而裹足不前，则文明无自流布，而人道亦将歇绝矣。汉苏武之在匈奴也，居窟室中，啮雪与毡而吞之。宋洪皓之在金也，以马粪燃火，烘面而食之。宋赵善应，道见病者，必收恤之，躬为煮药。瑞士沛斯泰洛齐集五十余乞儿于一室而教育之。此其人视王思远、庾炳之辈为何如耶？

且尚洁之道，亦必推己而及人。秦苻朗与朝士宴会，使小儿跪而开口，唾而含出，谓之肉唾壶。此其昧良，不待言矣。南宋谢景仁居室极净丽，每唾，辄唾左右之衣。事毕，听一日浣濯。虽不似苻朗之忍，然亦纵己而蔑人者也。汉郭泰，每行宿逆旅，辄躬洒扫；及明去后，人至见之曰：“此必郭有道昨宿处也。”斯则可以为法者矣。

互助与依赖

西人之寓言曰：“有至不幸之甲、乙二人。甲生而瞽，乙有残疾不能行。二人相依为命：甲负乙而行，而乙则指示其方向，遂得互减其苦状。”甲不能视而乙助之，乙不能行而甲助之，互助之义也。

互助之义如此。甲之义务，即乙之权利，而同时乙之义务，亦即甲之权利：互相消，即互相益也。推之而分工之制，一人之所需，恒出于多数人之所为，而此一人之所为，亦还以供多数人之所需。是亦一种复杂之互助云尔。

若乃不尽义务，而唯攫他人义务之产业为己权利，是谓依赖。

我国旧社会依赖之风最盛。如乞丐，固人人所贱视矣。然而纨绔子弟也，官亲也，帮闲之清客也，各官署之冗员也，凡无所事事而倚人以生活者，何一非乞丐之流亚乎？

《礼·王制》记曰：“瘖聋、跛躃、断者、侏儒，各以其器食之。”晋胥臣曰：“戚施直镈，蘧篨蒙璆，侏儒扶卢，矇瞍修声，聋聩司火。”废疾之人，且以一艺自赡如此，顾康强无恙，而不以倚赖为耻乎？

往昔慈善家，好赈施贫人。其意甚美，而其事则足以助长依赖之心。今则出资设贫民工艺厂以代之。饥馑之年，以工代赈。监禁之犯，课以工艺，而代蓄赢利，以为出狱后营生之资本。皆所以绝依赖之弊也。

幼稚之年，不能不倚人以生，然苟能勤于学业，则壮岁之所致力，足偿宿负而有余。平日勤工节用，蓄其所余，以备不时之需，则虽衰老疾病之时，其力尚足自给，而不至累人，此又自助之义，不背于互助者也。

爱情与淫欲

尽世界人类而爱之，此普通之爱，纯然伦理学性质者也。而又有特别之爱，专行于男女之间者，谓之爱情，则以伦理之爱，而兼生理之爱者也。生理之爱，常因人而有专泛久暂之殊，自有夫妇之制，而爱情乃贞固。此以伦理之爱，范围生理之爱，而始有纯洁之爱情也。

纯洁之爱，何必限于夫妇？曰既有所爱，则必为所爱者保其康健，宁其心情，完其品格，芳其闻誉，而准备其未来之幸福。凡此诸端，准今日社会之制度，唯夫妇足以当之。若于夫妇关系以外，纵生理之爱，而于所爱者之运命，恝然不顾，是不得谓之爱情，而谓之淫欲。其例如下：

一曰纳妾。妾者，多由贫人之女卖身为之。均是人也，而侪诸商品，于心安乎？均是人也，使不得与见爱者敌体，而视为奴隶，于心安乎？一纳妾而夫妇之间，猜嫌迭起，家庭之平和为之破坏；或纵妻以虐妾，或宠妾而疏妻，种种罪恶，相缘以起。稍有人心，何忍出此？

二曰狎妓。妓者，大抵青年贫女，受人诱惑，被人压制，皆不得已而业此。社会上均以无人格视之？吾人方哀矜之不暇，而何忍亵视之。其有为妓脱籍者，固亦救拔之一法；然使不为之慎择佳偶，而占以为妾，则为德不卒，而重自陷于罪恶矣。

三曰奸通。凡曾犯奸通之罪者，无论男女，恒为普通社会所鄙视，而在女子为尤甚，往往以是而摧灭其终身之幸福：甚者自杀，又甚者被杀。吾人兴念及此，有不为之慄慄危惧，而悬为厉禁者乎？

其他不纯洁之爱情，其不可犯之理，大率类是，可推而得之。

方正与拘泥

孟子曰："人有不为也，而后可以有为。"盖人苟无所不为，则是无主宰，无标准，而一随外界之诱导或压制以行动，是乌足以立身而任事哉，故孟子曰："仰不愧于天，俯不怍于人。"又曰："富贵不能淫，贫贱不能移，威武不能屈。"言无论外境如何，而决不为违反良心之事也。孔子曰："非礼勿视，非礼勿听，非礼勿言，非礼勿动。"谓视听言动，无不循乎规则也。是皆方正之义也。

昔梁明山宾家中尝乏困，货所乘牛。既售，受钱，乃谓买主曰："此牛经患漏蹄，疗差已久，恐后脱发，无容不相语。"买主遽取还钱。唐吴兢与刘子玄，撰定武后实录，叙张昌宗诱张说诬证魏元忠事。后说为相，读之，心不善，知兢所为，即从容谬谓曰："刘生书魏齐公事，不少假借奈何？”兢曰：“子玄已亡，不可受诬地下。兢实书之，其草故在。”说屡以情蕲改。辞曰：“徇公之请，何名实录？”卒不改。一则宁失利而不肯欺人，一则既不诬友，又不畏势。皆方正之例也。

然亦有方正之故，而涉于拘泥者。梁刘进，兄献每隔壁呼进。进束带而后语。吴顾恺疾笃，妻出省之，恺命左右扶起，冠帻加袭，趣令妻还。虽皆出于敬礼之意，然以兄弟夫妇之亲，而尚此烦文，亦太过矣。子从父令，正也。然而《孝经》曰：“父有争子，则身不陷于不义。”孔子曰：“小杖则受，大杖则走，不陷父于不义。”然则从令之说，未可拘泥也。官吏当守法令，正也。然汉汲黯过河南，贫民伤水旱万余家，遂以便宜持节发仓粟以赈贫民，请伏矫制之罪。武帝贤而释之。宋程师孟，提点夔部，无常平粟，建请置仓；遭凶岁，赈民，不足，即矫发他储，不俟报。吏惧，白不可。师孟曰：“必俟报，饥者尽死矣。”竟发之。此可为不拘泥者矣。

谨慎与畏葸

果敢之反对为畏葸；而卤莽之反对为谨慎。知果敢之不同于鲁莽，则谨慎之不同于畏葸，盖可知矣。今再以事实证明之。

孔子，吾国至谨慎之人也，尝曰：“谨而信。”又曰：“多闻阙疑，慎言其余，多见阙殆，慎行其余。”然而孔子欲行其道，历聘诸侯。其至匡也，匡人误以为阳虎，带甲围之数匝，而孔子弦歌不辍。既去匡，又适卫，适曹，适宋，与弟子习礼大树下。宋司马桓魋，欲杀孔子，拔其树。孔子去，适郑、陈诸国而适蔡。陈、蔡大夫，相与发徒役，围孔子于野，绝粮，七日不火食。孔子讲诵弦歌不衰。围既解，乃适楚，适卫，应鲁哀公之聘而始返鲁。初不以匡、宋、陈、蔡之厄而辍其行也。其作《春秋》也，以传指口授弟子，为有所刺、讥、褒、讳、挹、损之文辞，不可以书见也。是其谨慎也。然而笔则笔，削则削。吴楚之君自称王，而《春秋》贬之曰子。践土之会，晋侯实召周天子，而《春秋》讳之曰：天王狩于河阳。初无所畏也。故曰：“慎而无礼则葸。”言谨慎与畏葸之别也。人有恒言曰：“诸葛一生唯谨慎。”盖诸葛亮亦吾国至谨慎之人也。其《出师表》有曰：“先帝知臣谨慎，故临崩寄臣以大事也。”然而亮南征诸郡，五月渡泸，深入不毛；其伐魏也，六出祁山，患粮不继，则分兵屯田以济之。初不因谨慎而怯战。唯敌军之司马懿，一则于上邦之东，敛兵依险，军不得交，再则于卤城之前，又登山掘营不肯战，斯贾诩、魏平所谓畏蜀如虎者耳。

且危险之机，何地蔑有。试验化电，有爆烈之虞，运动机械，有轧轹之虑，车行或遇倾覆；舟行或值风涛；救火则涉于焦烂，侍疫则防其传染。若一切畏缩而不前，不将与木偶等乎？要在谙其理性，预为防范。孟子曰：“知命者，不立乎岩墙之下。”汉谚曰：“前车覆，后车戒。”斯为谨慎之道，而初非畏葸者之所得而托也。

有恒与保守

有人于此，初习法语，未几而改习英语，又未几而改习俄语，如是者可以通一国之言语乎？不能也。有人于此，初习木工，未几而改习金工，又未几而改习制革之工，如是而可以成良工乎？不能也。事无大小，器无精粗，欲其得手而应心，必经若干次之练习。苟旋作旋辍，则所习者，旋去而无遗。例如吾人幼稚之时，手口无多能力，积二三年之练习，而后能言语，能把握。况其他学术之较为复杂者乎？故人不可以不有恒。

昔巴律西之制造瓷器也，积十八年之试验而后成。蒲丰之著自然史也，历五十年而后成。布申之习图画也，自十余岁以至于老死。使三子者，不久而迁其业，亦乌足以成名哉。

虽然，三子之不迁其业，非保守而不求进步之诈也。巴氏取土器数百，屡改新窑，屡傅新药，以试验之。三试而栗色之土器皆白，宜以自为告成矣；又复试验八年，而始成佳品。又精绘花卉虫鸟之形于其上，而后见重于时。蒲氏所著，十一易其稿，而后公诸世？布氏初学于其乡之匠工，尽其技，师无以为教；犹不自足，乃赴巴黎，得纵目于美术界之大观；犹不自足，立志赴罗马，以贫故，初至佛棱斯而返，继止于里昂，及第三次之行，始达罗马，得纵观古人名作，习解剖学，以古造象为模范而绘之，假绘术书于朋友而读之，技乃大进。晚年法王召之，供奉于巴黎之画院；末二年，即辞职，复赴罗马；及其老而病也，曰："吾年虽老，吾精进之志乃益奋，吾必使吾技达于最高之一境。"向使巴氏以三试之成绩自画，蒲氏以初稿自画，布氏以乡师之所授、巴黎之所得自画，则其著作之价值，又乌能煊赫如是；是则有恒而又不涉于保守之前例也；无恒者，东驰西骛，而无一定之轨道也。保守者，踯躅于容足之地，而常循其故步者也。有恒者，向一定之鹄的，而又无时不进行者也；此三者之别也。

智育十篇

文字

人类之思想，所以能高出于其他动物，而且进步不已者，由其有复杂之语言，而又有划一之文字以记载之。盖语言虽足为思想之表识，而不得文字以为之记载，则记忆至艰，不能不限于简单；且传达至近，亦不能有集思广益之作用。自有文字以为记忆及传达之助，则一切已往之思想，均足留以为将来之导线；而交换知识之范围，可以无远弗届。此思想之所以日进于高深，而未有已也。

中国象形为文，积文成字，或以会意，或以谐声，而一字常止一声。西洋各国，以字母记声，合声成字，而一字多不止一声。此中西文字不同之大略也。

积字而成句，积句而成节，积节而成篇，是谓文章，亦或单谓之文。文有三类：一曰，叙述之文。二曰，描写之文。三曰，辩论之文。叙述之文，或叙自然现象，或叙古今之人事，自然科学之记载，及历史等属之。描写之文，所以写人类之感情，诗、赋、词、曲等属之。辩论之文，所以证明真理，纠正谬误，孔、孟、老、庄之著书，古文中之论说辩难等属之。三类之中，间亦互有出入，如历史常参论断，诗歌或叙故事是也。吾人通信，或叙事，或言情，或辩理，三类之文，随时采用。今之报纸，有论说，有新闻，有诗歌，则兼三类之文而写之。

图画

吾人视觉之所得，皆面也。赖肤觉之助，而后见为体。建筑、雕刻，体面互见之美术也。其有舍体而取面，而于面之中，仍含有体之感觉者，为图画。

体之感觉何自起？曰：起于远近之比例，明暗之掩映。西人更益以绘影写光之法，而景状益近于自然。

图画之内容：曰人，曰动物，曰植物，曰宫室，曰山水，曰宗教，曰历史，曰风俗。既视建筑雕刻为繁复，而又含有音乐及诗歌之意味，故感人尤深。

图画之设色者，用水彩，中外所同也。而西人更有油画，始于“文艺中兴”时代之意大利，迄今盛行。其不设色者，曰水墨，以墨笔为浓淡之烘染者也。曰白描，以细笔钩勒形廓者也。不设色之画，其感人也，纯以形式及笔势，设色之画，其感人也，于形式、笔势以外，兼用激刺。

中国画家，自临摹旧作入手。西洋画家，自描写实物入手。故中国之画，自肖像而外，多以意构，虽名山水之图，亦多以记忆所得者为之。西人之画，则人物必有概范，山水必有实景，虽理想派之作，亦先有所本，乃增损而润色之。

中国之画，与书法为缘，而多含文学之趣味。西人之画，与建筑、雕刻为缘，而佐以科学之观察，哲学之思想。故中国之画，以气韵胜，善画者多工书而能诗。西人之画，以技能及义蕴胜，善画者或兼建筑、图画二术。而图画之发达，常与科学及哲学相随焉。中国之图画术，托始于虞、夏，备于唐，而极盛于宋，其后为之者较少，而名家亦复辈出。西洋之图画术，托始于希腊，发展于十四、十五世纪，极盛于十六世纪。近三世纪，则学校大备，画人伙颐，而标新领异之才，亦时出于其间焉。

音乐

音乐者，合多数声音，为有法之组织，以娱耳而移情者也。其所托有二：一曰人声，歌曲是也。二曰音器，自昔以金、石、丝、竹、匏、土、革、木者为之；今所常用者，为金、革、丝、竹四种。音乐中所用之声，以一秒中三十二颤者为最低，八千二百七十六颤者为最高。其间又各自为阶，如二百五十颤至五百十七颤之声为一阶，五百十七颤至千有三十四颤之声又自为一阶等，谓之音阶是也。一音阶之中，吾国古人选取其五声以作乐。其后增为七及九。而西人今日之所用，则有正声七，半声五，凡十二声。

声与声相续，而每声所占之时价，得量为伸缩。以最长者为单位。由是而缩之，为二分之一，四分之一，八分之一，十六分之一，三十二分之一，及六十四分之一焉。同一声也，因乐器之不同，而同中有异，是为音色。

不同之声，有可以相谐的，或隔八位，或隔五位，或隔三位，是为谐音。

合各种高下之声，而调之以时价，文之以谐音，和之以音色，组之而为调、为曲，是为音乐。故音乐者，以有节奏之变动为系统，而又不稍滞于迹象者也。其在生理上，有节宣呼吸、动荡血脉之功。而在心理上，则人生之通式，社会之变态，宇宙之大观，皆得缘是而领会之。此其所以感人深，而移风易俗易也。

戏剧

在闳丽建筑之中，有雕刻、装饰及图画，以代表自然之景物。而又演之以歌舞，和之以音乐，集各种美术之长，使观者心领神会，油然与之同化者，非戏剧之功用乎？我国戏剧，托始于古代之歌舞及俳优；至唐而始有专门之教育；至宋、元而始有完备之曲本；至于今日，戏曲之较为雅驯、声调之较为沉郁者，唯有“昆曲”，而不投时人之好，于是“汉调”及“秦腔”起而代之。汉调亦谓之皮黄，谓西皮及二黄也。秦腔亦谓之梆子。

西人之戏剧，托始于希腊，其时已分为悲剧、喜剧两种，各有著名之戏曲。今之戏剧，则大别为歌舞及科白二种。歌舞戏又有三别：一曰正式歌舞剧 (Opera)，全体皆用歌曲，而性质常倾于悲剧一方面者也。二曰杂体歌舞剧 (Opera-Comique)，于歌曲之外，兼用说白，而参杂悲剧以喜剧之性质者也。三曰小品歌舞剧 (Opèrette)，全为喜剧之性质，亦歌曲与说白并行，而结体较为轻佻者也。科白剧又别为二：一曰悲剧 (Tragiqne)，二曰喜剧 (Comédie)，皆不歌不舞，不和以音乐，而言语行动，一如社会之习惯。今我国之所谓新剧，即仿此而为之。西人以戏剧为社会教育之一端，故设备甚周。其曲词及说白，皆为著名之文学家所编；学校中或以是为国文教科书。其音谱，则为著名之音乐家所制。其演剧之人，皆因其性之所近，而研究于专门之学校，能洞悉剧本之精意，而以适当之神情写达之。故感人甚深，而有功于社会也。其由戏剧而演出者，又有影戏：有象无声，其感化力虽不及戏剧之巨，然名手所编，亦能以种种动作，写达意境；而自然之胜景，科学之成绩，尤能画其层累曲折之状态，补图书之所未及。亦社会教育之所利赖也。

诗歌

人皆有情。若喜、若怒、若哀、若乐、若爱、若惧、若怨望、若急迫，凡一切心理上之状态，皆情也；情动于中，则声发于外，于是有都、俞、噫、咨，吁、嗟、乌呼、咄咄、荷荷等词，是谓叹词。

虽然，情之动也，心与事物为缘。若者为其发动之因，若者为其希望之果，且情之程度，或由弱而强，或由强而弱，或由甲种之情而嬗为乙种，或合数种之情而冶诸一炉，有决非简单之叹词所能写者，于是以抑扬之声调，复杂之语言形容之。而诗歌作焉：

声调者，韵也，平、侧声也。“平”者，声之位于长短疾徐之间者也，其最长最徐之声曰“去”，较短较徐之声曰“上”，最短最徐之声曰“入”。三者皆为侧声。

语言者，词句也。古者每句多四言，而其后多五言、及七言，以八句为一首者，曰律诗，十二句以上，曰排律。四句者，曰绝句（绝句偶有六言者）。古体诗则句数无定。诗之字句有定数，而歌者或不能不延一字为数声，或蹙数字为一声，于是乎有准歌声之延蹙以为诗者，古者谓之乐府，后世则谓之词。词之复杂而通俗者谓之曲：词所用之字，不唯辨平侧，而又别清浊，所以谐于歌也。

古者别诗之性质为三：曰风，曰雅，曰颂。风，纯乎言情者也；雅，言情而兼叙事者也；颂，所以赞美功德者也，后世之诗，亦不外乎此三者。与诗相类者有赋，有骈文。其声调皆不如诗之谨严。赋有韵，而骈文则不必有韵。

历史

历史者，记载已往社会之现象，以垂示将来者也。吾人读历史而得古人之知识，据以为基本，而益加研究，此人类知识之所以进步也。吾人读历史而知古人之行为，辨其是非，究其成败，法是与成者，而戒其非与败者，此人类道德与事业之所以进步也。是历史之益也。

我国历史旧分三体：一曰纪传体。为君主作本记，为其他重要之人物作列传，又作表以记世系及大事，作志以记典章：如《史记》、《汉书》、二十四史等是也。二曰编年体。循事记事，便于稽前后之关系，如《左氏春秋传》及《资治通鉴》等是也。三曰纪事本末体。每纪一事，自为首尾，便于索相承之因果：如《尚书》及《通鉴纪事本末》等是也。三者皆以政治为主，而其他诸事附属之。

新体之历史，不偏重政治，而注意于人文进化之轨辙。凡夫风俗之变迁，实业之发展，学术之盛衰，皆分治其条流，而又综论其统系。是谓文明史。

又有专门记载，如哲学史、文学史、科学史、美术史之类。是为文明史之一部分，我国纪传史中之儒林，文苑诸传，及其他《宋元学案》《畴人传》《画人传》等书，皆其类也。

附注：《畴人传》，清阮元著，所传皆算学家。

地理

地理者，所以考地球之位置区划、及其与人生之关系者也，可别为三部。

一曰数学地理：如地球与日球及其他行星之关系，及其自转、公转之规则等是也。此吾人所以有昼夜之分，与夫春、夏、秋、冬之别。

二曰天然地理：如土壤之性质，山脉、河流之形势，动、植、矿各物之分布，气候之递变，雨量、风向之比例等是也。吾人之状貌、性情、习尚及职业，往往随所居之地而互相差别者，以此。

三曰人文地理：又别为二。其一，关于政治，如大地分为若干国，有中华民国及法国等。一国之中，又分为若干省，如中华民国有二十四省，法国有八十六省是也。其不编为省者曰属地，如中华民国有蒙古、西藏，法国有安南及美、非、澳诸州属地是也。其二，关于生计，如物产之丰啬。铁道、运河之交通，农、林、渔、牧之区域，工商之都会等是也。二者，皆地理与人生有直接之关系者也。故谓之人文地理。

凡记载此等各部之现状者，谓之地理志，亦曰地志。合全地球而记载之，是谓世界地志。其限于一国者，为某国地志，如中华民国地志，及法国地志等是也。地理非图不明，故志必有图，而图不必皆附于志。

建筑

人之生也，不能无衣、食与宫室。而此三者，常于实用之外，又参以美术之意味。如食物本以适口腹也，而装置又求其悦目；衣服本以御寒暑也，而花样常见其翻新；宫室本以蔽风雨也，而建筑之术，尤于美学上有独立之价值焉。

建筑者，集众材而成者也。凡材品质之精粗，形式之曲直，皆有影响于吾人之感情。及其集多数之材，而成为有机体之组织，则尤有以代表一种之人生观。而容体气韵，与吾人息息相通焉。

吾国建筑之中，具美术性质者，略有七种：一曰宫殿，古代帝王之居处与陵寝，及其他佛寺道观等是也。率皆四阿而重檐，上有飞甍，下有崇阶，朱门碧瓦，所以表尊严富丽之观者也。二曰别墅。萧斋邃馆，曲榭回廊，间之以亭台，映之以泉石，宁朴毋华，宁疏毋密，大抵极清幽潇洒之致焉。三曰桥。叠石为穹窿式，与罗马建筑相类。唯罗马人广行此式，而我国则自桥以外罕用之。四曰城。叠砖石为之，环以雉堞，隆以谯门，所以环卫都邑也。而坚整之概，有可观者，以万里长城为最著。五曰华表。树于陵墓之前，间用六面形，而圆者特多，冠以柱头，承以文础，颇似希腊神祠之列栏；而两相对立，则又若埃及之方尖塔然。六曰坊。所以旌表名誉，树于康衢或陵墓之前，颇似欧洲之凯旋门。唯彼用穹形，而我用平构，斯其异点也。七曰塔。本诸印度而参以我国固有之风味，有七级、九级、十三级之别，恒附于佛寺，与欧洲教堂之塔相类：唯常于佛殿以外，呈独立之观，与彼方之组入全堂结构者不同，要之，我国建筑，既不如埃及式之阔大，亦不类峨特式之高骞，而秩序谨严，配置精巧，为吾族数千年来守礼法尚实际之精神所表示焉。

雕刻

音乐、建筑皆足以表示人生观；而表示之最直接者为雕刻，雕刻者，以木、石、金、土之属，刻之范之，为种种人物之形象者也。其所取材，率在历史之事实，现今之风俗，即有推本神话宗教者，亦犹是人生观之代表云尔。

雕刻之术，大别为二类：一浅雕凸雕之属，象不离璞，仅以圻堮起伏之文写示之者也。如山东嘉祥之汉武梁祠画像，及山西大名之北魏造像等属之。一具体之造像，雕刻之工，面面俱到者也。如商武乙为偶人以象天神，秦始皇铸金人十二，及后世一切神祠佛寺之像皆属之。

雕刻之精者，一曰匀称，各部分之长短肥瘠，互相比例，不违天然之状态也。二曰致密，琢磨之工，无懈可击也。三曰浑成，无斧凿痕也。四曰生动，仪态万方，合于力学之公例，神情活现，合于心理学之公例也。吾国之以雕刻名者，为晋之戴逵，尝刻一佛像，自隐帐中，听人臧否，随而改之。如是者十年，厥工方就，然其像不传。其后以塑像名者，唐有杨惠之，元有刘元。西方则古代希腊之雕刻，优美绝伦；而十五世纪以来，意、法、德、英诸国，亦复名家辈出。吾人试一游巴黎之鲁佛尔及卢克逊堡博物院，则希腊及法国之雕刻术，可略见一斑矣。

相传越王勾践尝以金铸范蠡之像，是为我国铸造肖像之始。然后世鲜用之。西方则自罗马时竞尚雕铸肖像，至今未沫。或以石，或以铜，无不面目逼真焉。

我国尚仪式，而西人尚自然，故我国造像，自如来袒胸，观音赤足，仍印度旧式外，鲜不具冠服者。西方则自希腊以来，喜为裸像；其为骨骼之修广，筋肉之张弛，悉以解剖术为准。作者固不能不先有所研究，观者亦得为练达身体之一助焉。

装饰

装饰者，最普通之美术也。其所取之材，曰石类，曰金类，曰陶土，此取诸矿物者也；曰木，曰草，曰藤，曰棉，曰麻，曰果核，曰漆，此取诸植物者也；曰介，曰角，曰骨，曰牙，曰皮，曰毛羽，曰丝，此取诸动物者也。其所施之技，曰刻，曰铸，曰陶，曰镶，曰编，曰织，曰绣，曰绘。其所写像者，曰几何学之线面，曰动植物及人类之形状，曰神话宗教，及社会之事变。其所附丽者，曰身体，曰被服，曰器用，曰宫室，曰都市。

身体之装饰，一曰文身，二曰亏体。文身之饰，或绘或刺，为未开化所常有。我国今唯演剧时或以粉墨涂面；而臂上花绣，则唯我国之拳棒家，外国之航海家，间或有之。亏体之饰，如野蛮人穿鼻悬环，凿唇安木之属，我国妇女，旧有缠足、穿耳之习，亦其类也。

被服之装饰，如冠、服、带、佩及一切金、钻、珠、玉之饰皆是。近世文明民族，已日趋简素；唯帝王、贵族，及军人，犹有特别之制服；而妇女冠服，尚喜翻新。巴黎新式女服，常为全欧模范。德、法歼战以后，德政府尝欲创日耳曼式以代之，而德之妇女，未能从焉。

器用之装饰，大之如坐卧具，小之如陈设品皆是。我国如商、周之钟鼎，汉之鏞镜，宋以后之瓷器，皆其选也。

宫室之装饰，如檐楣柱头，多有刻文；承尘及壁，或施绘画；集色彩之玻板以为窗，缀斑驳之石片以敷地，皆是。其他若窗幕、地毡之类，亦附属之。

都市之装饰，如《考工记》："匠人营国，方九里，旁三门，国中九经九纬，经涂九轨。"所以求均称而表庄严也。巴黎一市，塞纳河左右，纬以长桥，界为驰道，间以广场，文以崇闳之建筑，疏以广大之园林，积渐布置，蔚成大观；而驰道之旁，荫以列树，芬以花塍；广场及公园之中，古木杂花，喷泉造像，分合错综，悉具意匠。是皆所以餍公众之美感，而非一人一家之所得而私也。

由是观之，人智进步，则装饰之道，渐异其范围。身体之装饰，为未开化时代所尚；都市之装饰，则非文化发达之国，不能注意，由近而远，由私而公，可以观世运矣。

中学修身教科书

例言

一、本书为中学校修身科之用。

二、本书分上、下二篇：上篇注重实践；下篇注重理论。修身以实践为要，故上篇较详。

三、教授修身之法，不可徒令生徒依书诵习，亦不可但由教员依书讲解，应就实际上之种种方面，以阐发其旨趣：或采历史故实，或就近来时事，旁征曲引，以启发学生之心意。本书卷帙所以较少者，正留为教员博引旁征之余地也。

四、本书悉本我国古圣贤道德之原理，旁及东西伦理学大家之说，斟酌取舍，以求适合于今日之社会。立说务期可行，行文务期明亮，区区苦心，尚期鉴之。

上篇

第一章

修己

第一节　总论

人之生也，不能无所为，而为其所当为者，是谓道德。道德者，非可以猝然而袭取也，必也有理想，有方法。修身一科，即所以示其方法者也。

夫事必有序，道德之条目，其为吾人所当为者同，而所以行之之方法，则不能无先后，所谓先务者，修己之道是已。

吾国圣人，以孝为百行之本，小之一人之私德，大之国民之公义，无不由是而推演之者，故曰唯孝友于兄弟，施于有政，由是而行之于社会，则宜尽力于职分之所在，而于他人之生命若财产若名誉，皆护惜之，不可有所侵毁。行有余力，则又当博爱及众，而勉进公益，由是而行之于国家，则于法律之所定，命令之所布，皆当恪守而勿违。而有事之时，又当致身于国，公而忘私，以尽国民之义务，是皆道德之教所范围，为吾人所不可不勉者也。

夫道德之方面，虽各各不同，而行之则在己。知之而不行，犹不知也；知其当行矣，而未有所以行此之素养，犹不能行也。怀邪心者，无以行正义；贪私利者，无以图公益。未有自欺而能忠于人，自侮而能敬于人者。故道德之教，虽统各方面以为言，而其本则在乎修己。

修己之道不一，而以康强其身为第一义。身不康强，虽有美意，无自而达也。康矣强矣，而不能启其知识，练其技能，则奚择于牛马；故又不可以不求知能。知识富矣，技能精矣，而不率之以德性，则适以长恶而遂非，故又不可以不养德性。是故修己之道，体育、知育、德育三者，不可以偏废也。

第二节 体育

凡德道以修己为本，而修己之道，又以体育为本。

忠孝，人伦之大道也，非康健之身，无以行之。人之事父母也，服劳奉养，唯力是视，羸弱而不能供职，虽有孝思奚益？况其以疾病贻父母忧乎？其于国也亦然。国民之义务，莫大于兵役，非强有力者，应征而不及格，临阵而不能战，其何能忠？且非特忠孝也。一切道德，殆皆非羸弱之人所能实行者。苟欲实践道德，宣力国家，以尽人生之天职，其必自体育始矣。

且体育与智育之关系，尤为密切，西哲有言：康强之精神，必寓于康强之身体。不我欺也。苟非狂易，未有学焉而不能知，习焉而不能熟者。其能否成立，视体魄如何耳。也尝有抱非常之才，且亦富于春秋，徒以体魄孱弱，力不逮志，奄然与凡庸伍者，甚至或盛年废学，或中道夭逝，尤可悲焉。

夫人之一身，本不容以自私，盖人未有能遗世而独立者。无父母则无我身，子女之天职，与生俱来。其他兄弟夫妇朋友之间，亦各以其相对之地位，而各有应尽之本务。而吾身之康强与否，即关于本务之尽否。故人之一身，对于家族若社会若国家，皆有善自摄卫之责。使傲然曰：我身之不康强，我自受之，于人无与焉。斯则大谬不然者也。

人之幼也，卫生之道，宜受命于父兄。及十三四岁，则当躬自注意矣。请述其概：一曰节其饮食；二曰洁其体肤及衣服；三曰时其运动；四曰时其寝息；五曰快其精神。

少壮之人，所以损其身体者，率由于饮食之无节。虽当身体长育之时，饮食之量，本不能以老人为例，然过量之忌则一也。使于饱食以后，尚歆于旨味而恣食之，则其损于身体，所不待言。且既知饮食过量之为害，而一时为食欲所迫，不及自制，且致养成不能节欲之习惯，其害尤大，不可以不慎也。

少年每喜于闲暇之时，杂食果饵，以致减损其定时之餐饭，是亦一弊习。医家谓成人之胃病，率基于是，是乌可以不戒欤?

酒与烟，皆害多而利少。饮酒渐醉，则精神为之惑乱，而不能自节。能慎之于始而不饮，则无虑矣。吸烟多始于游戏，及其习惯，则成癖而不能废。故少年尤当戒之。烟含毒性，卷烟一枚，其所含毒分，足以毙雀二十尾。其毒性之剧如此，吸者之受害可知矣。

凡人之习惯，恒得以他习惯代之。饮食之过量，亦一习惯耳。以节制食欲之法矫之，而渐成习惯，则旧习不难尽去也。

清洁为卫生之第一义，而自清洁其体肤始。世未有体肤既洁，而甘服垢污之衣者。体肤衣服洁矣，则房室庭园，自不能任其芜秽，由是集清洁之家而为村落为市邑，则不徒足以保人身之康强，而一切传染病，亦以免焉。

且身体衣服之清洁，不徒益以卫生而已，又足以优美其仪容，而养成善良之习惯，其裨益于精神者，亦复不浅。盖身体之不洁，如蒙秽然，以是接人，亦不敬之一端。而好洁之人，动作率有秩序，用意亦复缜密，习与性成，则有以助勤勉精明之美德。借形体以范精神，亦缮性之良法也。

运动亦卫生之要义也。所以助肠胃之消化，促血液之循环，而爽朗其精神者也。凡终日静坐偃卧而怠于运动者，身心辄为之不快，驯致食欲渐减，血色渐衰，而元气亦因以消耗。是故终日劳心之人，尤不可以不运动。运动之时间，虽若靡费，而转为勤勉者所不可吝，此亦犹劳作者之不能无休息也。

凡人精神抑郁之时，触物感事，无一当意，大为学业进步之阻力。此虽半由于性癖，而身体机关之不调和，亦足以致之。时而游散山野，呼吸新空气，则身心忽为之一快，而精进之力顿增。当春夏假期，游历国中名胜之区，此最有益于精神者也。

是故运动者，所以助身体机关之作用，而为勉力学业之预备，非所以恣意而纵情也。故运动如饮食然，亦不可以无节。而学校青年，于蹴鞠竞渡之属，投其所好，则不惜注全力以赴之，因而毁伤身体，或酿成疾病者，盖亦有之，此则失运动之本意矣。

凡劳动者，皆不可以无休息。睡眠，休息之大者也，宜无失时，而少壮尤甚。世或有勤学太过，夜以继日者，是不可不戒也。睡眠不足，则身体为之衰弱，而驯致疾病，即幸免于是，而其事亦无足取。何则？睡眠不足者，精力既疲，即使终日研求，其所得或尚不及起居有时者之半，徒自苦耳。唯睡眠过度，则亦足以酿惰弱之习，是亦不可不知者。

精神者，人身之主动力也。精神不快，则眠食不适，而血气为之枯竭，形容为之憔悴，驯以成疾，是亦卫生之大忌也。夫顺逆无常，哀乐迭生，诚人生之常事，然吾人务当开豁其胸襟，清明其神志，即有不如意事，亦当随机顺应，而不使留滞于意识之中，则足以涵养精神，而使之无害于康强矣。

康强身体之道，大略如是。夫吾人之所以斤斤于是者，岂欲私吾身哉？诚以吾身者，因对于家族若社会若国家，而有当尽之义务者也。乃昧者，或以情欲之感，睚眦之忿，自杀其身，罪莫大焉。彼或以一切罪恶，得因自杀而消灭，是亦以私情没公义者。唯志士仁人，杀身成仁，则诚人生之本务，平日所以爱惜吾身者，正为此耳。彼或以衣食不给，且自问无益于世，乃以一死自谢，此则情有可悯，而其薄志弱行，亦可鄙也。人生至此，要当百折不挠，排艰阻而为之，精神一到，何事不成？见险而止者，非夫也。

第三节　习惯

习惯者，第二之天性也。其感化性格之力，犹朋友之于人也。人心随时而动，应物而移，执毫而思书，操缦而欲弹，凡人皆然，而在血气未定之时为尤甚。其于平日亲炙之事物，不知不觉，浸润其精神，而与之为至密之关系，所谓习与性成者也。故习惯之不可不慎，与朋友同。

江河成于涓流，习惯成于细故，昔北美洲有一罪人，临刑慨然曰：吾所以罹兹罪者，由少时每日不能决然早起故耳。夫早起与否，小事也，而此之不决，养成因循苟且之习，则一切去恶从善之事，其不决也犹是，是其所以陷于刑戮也。是故事不在小，苟其反复数四，养成习惯，则其影响至大，其于善否之间，乌可以不慎乎？第使平日注意于善否之界，而养成其去彼就此之习惯，则将不待勉强，而自进于道德。道德之本，固不在高远而在卑近也。自洒扫应对进退，以及其他一事一物一动一静之间，无非道德之所在。彼夫道德之标目，曰正义，曰勇往，曰勤勉，曰忍耐，要皆不外乎习惯耳。

礼仪者，交际之要，而大有造就习惯之力。夫心能正体，体亦能制心。是以平日端容貌，正颜色，顺辞气，则妄念无自而萌，而言行之忠信笃敬，有不期然而然者。孔子对颜渊之问仁，而告以非礼勿视，非礼勿听，非礼勿言，非礼勿动。由礼而正心，诚圣人之微旨也。彼昧者，动以礼仪为虚饰，袒裼披猖，号为率真，而不知威仪之不摄，心亦随之而化，渐摩既久，则放僻邪侈，不可收拾，不亦谬乎。

第四节　勤勉

勤勉者，良习惯之一也。凡人所免之事，不能一致，要在各因其地位境遇，而尽力于其职分，是亦为涵养德性者所不可缺也。凡勤勉职业，则习于顺应之道，与节制之义，而精细寻耐诸德，亦相因而来。盖人性之受害，莫甚于怠惰。怠惰者，众恶之母。古人称小人闲居为不善，盖以此也。不唯小人也，虽在善人，苟其饱食终日，无所事事，则必由佚乐而流于游惰。于是鄙猥之情，邪僻之念，乘间窃发，驯致滋蔓而难图矣。此学者所当戒也。

人之一生，凡德行才能功业名誉财产，及其他一切幸福，未有不勤勉而可坐致者。人生之价值，视其事业而不在年寿。尝有年登期耋，而悉在醉生梦死之中，人皆忘其为寿。亦有中年丧逝，而树立卓然，人转忘其为夭者。是即勤勉与不勤勉之别也。夫桃梨李栗，不去其皮，不得食其实。不勤勉者，虽小利亦无自而得。自昔成大业、享盛名，孰非有过人之勤力者乎？世非无以积瘁丧其身者，然较之汩没于佚乐者，仅十之一二耳。勤勉之效，盖可睹矣。

第五节　自制

自制者，节制情欲之谓也。情欲本非恶名，且高尚之志操，伟大之事业，亦多有发源于此者。然情欲如骏马然，有善走之力，而不能自择其所向，使不加控御，而任其奔逸，则不免陷于沟壑，撞于岩墙，甚或以是而丧其生焉。情欲亦然，苟不以明清之理性，与坚定之意志节制之，其害有不可胜言者。不特一人而已。苟举国民而为情欲之奴隶，则夫政体之改良，学艺之进步，皆不可得而期，而国家之前途，不可问矣。此自制之所以为要也。

自制之目有三：节体欲，一也；制欲望，二也；抑热情，三也。

饥渴之欲，使人知以时饮食，而荣养其身体。其于保全生命，振作气力，所关甚大。然耽于厚味而不知餍饫，则不特妨害身体，且将汩没其性灵，昏惰其志气，以酿成放佚奢侈之习。况如沉湎于酒，荒淫于色，贻害尤大，皆不可不以自制之力预禁之。

欲望者，尚名誉，求财产，赴快乐之类是也。人无欲望，即生涯甚觉无谓。故欲望之不能无，与体欲同，而其过度之害亦如之。

豹死留皮，人死留名，尚名誉者，人之美德也。然急于闻达，而不顾其他，则流弊所至，非骄则谄。骄者，务扬己而抑人，则必强不知以为知，訑訑然拒人于千里之外，徒使智日昏，学日退，而虚名终不可以久假。即使学识果已绝人，充其骄矜之气，或且凌父兄而傲长上，悖亦甚矣。谄者，务屈身以徇俗，则且为无非无刺之行，以雷同于污世，虽足窃一时之名，而不免为识者所窃笑，是皆不能自制之咎也。

小之一身独立之幸福，大之国家富强之基础，无不有借于财产。财产之增殖，诚人生所不可忽也。然世人徒知增殖财产，而不知所以用之之道，则虽藏镪百万，徒为守钱虏耳。而矫之者，又或靡费金钱，以纵耳目之欲，是皆非中庸之道也。盖财产之所以可贵，为其有利己利人之用耳。使徒事蓄积，而不知所以用之，则无益于己，亦无裨于人，与赤贫者何异？且积而不用者，其于亲戚之穷乏，故旧之饥寒，皆将坐视而不救，不特爱怜之情浸薄，而且廉耻之心无存。当与而不与，必且不当取而取，私买窃贼之赃，重取债家之息，凡丧心害理之事，皆将行之无忌，而驯致不齿于人类。此鄙吝之弊，诚不可不戒也。顾知鄙吝之当戒矣，而矫枉过正，义取而悖与，寡得而多费，则且有丧产破家之祸。既不能自保其独立之品位，而于忠孝慈善之德，虽欲不放弃而不能，成效无存，百行俱废，此奢侈之弊，亦不必逊于鄙吝也。二者实皆欲望过度之所致，折二者之衷，而中庸之道出焉，谓之节俭。

节俭者，自奉有节之谓也，人之处世也，既有贵贱上下之别，则所以持其品位而全其本务者，固各有其度，不可以执一而律之，要在适如其地位境遇之所宜，而不逾其度耳。饮食不必多，足以果腹而已；舆服不必善，足以备礼而已，绍述祖业，勤勉不怠，以其所得，撙节而用之，则家有余财，而可以恤他人之不幸，为善如此，不亦乐乎？且节俭者必寡欲，寡欲则不为物役，然后可以养德性，而完人道矣。

家人皆节俭，则一家齐；国人皆节俭，则一国安。盖人人以司节俭之故，而赀产丰裕，则各安其堵，敬其业，爱国之念，油然而生。否则奢侈之风弥漫，人人滥费无节，将救贫之不暇，而遑恤国家。且国家以人民为分子，亦安有人民皆穷，而国家不疲茶者。自古国家，以人民之节俭兴，而以其奢侈败者，何可胜数！如罗马之类是已。爱快乐，忌苦痛，人之情也；人之行事，半为其所驱迫，起居动作，衣服饮食，盖鲜不由此者。凡人情可以徐练，而不可以骤禁。昔之宗教家，常有背快乐而就刻苦者，适足以戕贼心情，而非必有裨于道德。人苟善享快乐，适得其宜，亦乌可厚非者。其活泼精神，鼓舞志气，乃足为勤勉之助。唯荡者流而不返，遂至放弃百事，斯则不可不戒耳。

快乐之适度，言之非艰，而行之维艰，唯时时注意，勿使太甚，则庶几无大过矣。古人有言：欢乐极兮哀情多。世间不快之事，莫甚于欲望之过度者。当此之时，不特无活泼精神、振作志气之力，而且足以招疲劳，增疏懒，甚且悖德非礼之行，由此而起焉。世之堕品行而冒刑辟者，每由于快乐之太过，可不慎欤!

人，感情之动物也，遇一事物，而有至剧之感动，则情为之移，不遑顾虑，至忍掷对己对人一切之本务，而务达其目的，是谓热情。热情既现，苟非息心静气，以求其是非利害所在，而有以节制之，则纵心以往，恒不免陷身于罪戾，此亦非热情之罪，而不善用者之责也。利用热情，而统制之以道理，则犹利用蒸气，而承受以精巧之机关，其势力之强大，莫能御之。

热情之种类多矣，而以忿怒为最烈。盛怒而欲泄，则死且不避，与病狂无异。是以忿怒者之行事，其贻害身家而悔恨不及者，常十之八九焉。

忿怒亦非恶德，受侮辱于人，而不敢与之校，是怯弱之行，而正义之士所耻也。当怒而怒，亦君子所有事。然而逞忿一朝，不顾亲戚，不恕故旧，辜恩谊，背理性以酿暴乱之举，而贻终身之祸者，世多有之。宜及少时养成忍耐之力，即或怒不可忍，亦之力忍，必先平心而察之，如是则自无失当之忿怒，而诟詈斗殴之举，庶乎免矣。

忍耐者，交际之要道也。人心之不同如其面，苟于不合吾意者而辄怒之，则必至父子不亲，夫妇反目，兄弟相阋，而朋友亦有凶终隙末之失，非自取其咎乎？故对人之道，可以情恕者恕之，可以理遣者遣之。孔子曰：躬自厚而薄责于人。即所以养成忍耐之美德者也。

忿怒之次曰傲慢，曰嫉妒，亦不可不戒也。傲慢者，挟己之长，而务以凌人；嫉妒者，见己之短，而转以尤人，此皆非实事求是之道也。夫盛德高才，诚于中则形于外。虽其人抑然不自满，而接其威仪者，畏之象之，自不容已。若乃不循其本，而摹拟剽窃以自炫，则可以欺一时，而不能持久，其凌蔑他人，适以自暴其鄙劣耳。至若他人之才识闻望，有过于我，我爱之重之，察我所不如者而企及之可也。不此之务，而重以嫉妒，于我何益？其愚可笑，其心尤可鄙也。

情欲之不可不制，大略如是。顾制之之道，当如何乎？情欲之盛也，往往非理义之力所能支，非利害之说所能破，而唯有以情制情之一策焉。

以情制情之道奈何？当忿怒之时，则品弄丝竹以和之；当抑郁之时，则登临山水以解之，于是心旷神怡，爽然若失，回忆忿怒抑郁之态，且自觉其无谓焉。

情欲之炽也，如燎原之火，不可向迩，而移时则自衰，此其常态也。故自制之道，在养成忍耐之习惯。当情欲炽盛之时，忍耐力之强弱，常为人生祸福之所系，所争在顷刻间耳。昔有某氏者，性卞急，方盛怒时，恒将有非礼之言动，几不能自持，则口占数名，自一至百，以抑制之，其用意至善，可以为法也。

第六节　勇敢

勇敢者，所以使人耐艰难者也。人生学业，无一可以轻易得之者。当艰难之境而不屈不沮，必达而后已，则勇敢之效也。

所谓勇敢者，非体力之谓也。如以体力，则牛马且胜于人。人之勇敢，必其含智德之原质者，恒于其完本务彰真理之时见之。曾子曰：自反而缩，虽千万人，吾往矣。是则勇敢之本义也。

求之历史，自昔社会人文之进步，得力于勇敢者为多，盖其事或为豪强所把持，或为流俗所习惯，非排万难而力支之，则不能有为。故当其冲者，非不屈权势之道德家，则必不徇嬖幸之爱国家，非不阿世论之思想家，则必不溺私欲之事业家。其人率皆发强刚毅，不戁不悚。其所见为善为真者，虽遇何等艰难，决不为之气沮。不观希腊哲人苏格拉底乎？彼所持哲理，举世非之而不顾，被异端左道之名而不惜，至仰毒以死而不改其操，至今伟之。又不观意大利硕学百里诺及加里沙乎？百氏痛斥当代伪学，遂被焚死。其就戮也，从容顾法吏曰：公等今论余以死，余知公等之恐怖，盖有甚于余者。加氏始倡地动说，当时教会怒其戾教旨，下之狱，而加氏不为之屈。是皆学者所传为美谈者也。若而人者，非特学识过人，其殉于所信而百折不回。诚有足多者，虽其身穷死于缧绁之中，而声名洋溢，传之百世而不衰，岂与夫屈节回志，忽理义而徇流俗者，同日而语哉？

人之生也，有顺境，即不能无逆境。逆境之中，跋前疐后，进退维谷，非以勇敢之气持之，无由转祸而为福，变险而为夷也。且勇敢亦非待逆境而始著，当平和无事之时，亦能表见而有余。如壹于职业，安于本分，不诱惑于外界之非违，皆是也。

人之染恶德而招祸害者，恒由于不果断。知其当为也，而不敢为；知其不可不为也，而亦不敢为，诱于名利而丧其是非之心，皆不能果断之咎也。至乃虚炫才学，矫饰德行，以欺世而凌人，则又由其无安于本分之勇，而入此歧途耳。

勇敢之最著者为独立。独立者，自尽其职而不倚赖于人是也。人之立于地也，恃己之足，其立于世也亦然。以己之心思虑之，以己之意志行之，以己之资力营养之，必如是而后为独立，亦必如是而后得谓之人也。夫独立，非离群索居之谓。人之生也，集而为家族，为社会，为国家，乌能不互相扶持，互相挹注，以共图团体之幸福。而要其交互关系之中，自一人之方面言之，各尽其对于团体之责任，不失其为独立也。独立亦非矫情立异之谓。不问其事之曲直利害，而一切拂人之性以为快，是顽冥耳。与夫不问曲直利害，而一切徇人意以为之者奚择焉。唯不存成见，而以其良知为衡，理义所在，虽刍荛之言，犹虚己而纳之，否则虽王公之命令，贤哲之绪论，亦拒之而不惮，是之谓真独立。

独立之要有三：一曰自存；二曰自信；三曰自决。

生计者，万事之基本也。人苟非独立而生存，则其他皆无足道。 自力不足，庇他人而糊口者，其卑屈固无足言；至若窥人鼻息，而以其一颦一笑为忧喜，信人之所信而不敢疑，好人之所好而不敢忤，是亦一赘物耳，是皆不能自存故也。

人于一事，既见其理之所以然而信之，虽则事变万状，苟其所以然之理如故，则吾之所信亦如故，是谓自信。在昔旷世大儒，所以发明真理者，固由其学识宏远，要亦其自信之笃，不为权力所移，不为俗论所动，故历久而其理大明耳。

凡人当判决事理之时，而俯仰随人，不敢自主，此亦无独立心之现象也。夫智见所不及，非不可咨询于师友，唯临事迟疑，随人作计，则鄙劣之尤焉。

要之，无独立心之人，恒不知自重。既不自重，则亦不知重人，此其所以损品位而伤德义者大矣。苟合全国之人而悉无独立心，乃冀其国家之独立而巩固，得乎？

勇敢而协于义，谓之义勇。暴虎冯河，盗贼犹且能之，此血气之勇，何足选也。无适无莫，义之与比，毁誉不足以淆之，死生不足以胁之，则义勇之谓也。

义勇之中，以贡于国家者为最大。人之处斯国也，其生命，其财产，其名誉，能不为人所侵毁。而仰事俯畜，各适其适者，无一非国家之赐，且亦非仅吾一人之关系，实承之于祖先，而又将传之于子孙，以至无穷者也。故国家之急难，视一人之急难，不啻倍蓰而已。于是时也，吾即舍吾之生命财产，以其一切以殉之，苟利国家，非所惜也，是国民之义务也。使其人学识虽高，名位虽崇，而国家有事之时，首鼠两端，不敢有为，则大节既亏，万事瓦裂，腾笑当时，遗羞后世，深可惧也。是以平日必持炼意志，养成见义勇为之习惯，则能尽国民之责任，而无负于国家矣。

然使义与非义，非其知识所能别，则虽有尚义之志，而所行辄与之相畔，是则学问不足，而知识未进也。故人不可以不修学。

第七节　修学

身体壮佼，仪容伟岸，可能为贤乎？未也。居室崇闳，被服锦绣，可以为美乎？未也。人而无知识，则不能有为，虽矜饰其表，而鄙陋龌龊之状，宁可掩乎？

知识与道德，有至密之关系。道德之名尚矣，要其归，则不外避恶而行善。苟无知识以辨善恶，则何以知恶之不当为，而善之当行乎？知善之当行而行之，知恶之不当为而不为，是之谓真道德。世之不忠不孝、无礼无义、纵情而亡身者，其人非必皆恶逆悖戾也，多由于知识不足，而不能辨别善恶故耳。

寻常道德，有寻常知识之人，即能行之。其高尚者，非知识高尚之人，不能行也。是以自昔立身行道，为百世师者，必在旷世超俗之人，如孔子是已。

知识者，人事之基本也。人事之种类至繁，而无一不有赖于知识。近世人文大开，风气日新，无论何等事业，其有待于知识也益殷。是以人无贵贱，未有可以不就学者。且知识所以高尚吾人之品格也，知识深远，则言行自然温雅而动人歆慕。盖是非之理，既已了然，则其发于言行者，自无所凝滞，所谓诚于中形于外也。彼知识不足者，目能睹日月，而不能见理义之光；有物质界之感触，而无精神界之欣合，有近忧而无远虑。胸襟之隘如是，其言行又乌能免于卑陋欤？

知识之启发也，必由修学。修学者，务博而精者也。自人文进化，而国家之贫富强弱，与其国民学问之深浅为比例。彼欧美诸国，所以日辟百里、虎视一世者，实由其国中硕学专家，以理学工学之知识，开殖产兴业之端，锲而不已，成此实效。是故文明国所恃以竞争者，非武力而智力也。方今海外各国，交际频繁，智力之竞争，日益激烈。为国民者，乌可不勇猛精进，旁求知识，以造就为国家有用之材乎？

修学之道有二：曰耐久；曰爱时。

锦绣所以饰身也，学术所以饰心也。锦绣之美，有时而敝；学术之益，终身享之，后世诵之，其可贵也如此。凡物愈贵，则得之愈难，曾学术之贵，而可以浅涉得之乎？是故修学者，不可以不耐久。

凡少年修学者，其始鲜或不勤，未几而惰气乘之，有不暇自省其功候之如何，而咨嗟于学业之难成者。岂知古今硕学，大抵抱非常之才，而又能精进不已，始克抵于大成，况在寻常之人，能不劳而获乎？而不能耐久者，乃欲以穷年莫殚之功，责效于旬日，见其未效，则中道而废，如弃敝屣然。如是，则虽薄技微能，为庸众所可跂者，亦且百涉而无一就，况于专门学艺，其理义之精深，范围之博大，非专心致志，不厌不倦，必不能窥其涯矣，而乃卤莽灭裂，欲一蹴而几之，不亦妄乎？

庄生有言：吾生也有涯，而知也无涯，夫以有涯之生，修涯之学，固常苦不及矣。自非惜分寸光阴，不使稍縻于无益，鲜有能达其志者。故学者尤不可以不爱时。

少壮之时，于修学为宜，以其心气尚虚，成见不存也。及是时而勉之，所积之智，或其终身应用而有余。否则以有用之时间，养成放僻之习惯，虽中年悔悟，痛自策励，其所得盖亦仅矣。朱子有言曰：勿谓今日不学而有来日；勿谓今年不学而有来年，日月逝矣，岁不延误，呜呼老矣，是谁之愆？其言深切著明，凡少年不可不三复也。

时之不可不爱如此，是故人不特自爱其时，尤当为人爱时。尝有诣友终日，游谈不经，荒其职业，是谓盗时之贼，学者所宜戒也。

修学者，固在入塾就师，而尤以读书为有效。盖良师不易得，借令得之，而亲炙之时，自有际限，要不如书籍之惠我无穷也。

人文渐开，则书籍渐富，历代学者之著述，汗牛充栋，固非一人之财力所能尽致，而亦非一人之日力所能遍读，故不可不有择其有益于我者而读之。读无益之书，与不读等，修学者宜致意焉。

凡修普通学者，宜以平日课程为本，而读书以助之。苟课程所受，研究未完，而漫焉多读杂书，虽则有所得，亦泛滥而无归宿。且课程以外之事，亦有先后之序，此则修专门学者，尤当注意。苟不自量其知识之程度，取高远之书而读之，以不知为知，沿讹袭谬，有损而无益，即有一知半解，沾沾自喜，而亦终身无会通之望矣。夫书无高卑，苟了彻其义，则虽至卑近者，亦自有无穷之兴味。否则徒震于高尚之名，而以不求甚解者读之，何益？行远自迩，登高自卑，读书之道，亦犹是也。未见之书，询于师友而抉择之，则自无不合程度之虑矣。

修学者得良师，得佳书，不患无进步矣。而又有资于朋友，休沐之日，同志相会，凡师训所未及者，书义之可疑者，各以所见，讨论而阐发之，其互相为益者甚大。有志于学者，其务择友哉。

学问之成立在信，而学问之进步则在疑。非善疑者，不能得真信也。读古人之书，闻师友之言，必内按诸心，求其所以然之故。或不所得，则辗转推求，必逮心知其意，毫无疑义而后已，是之谓真知识。若乃人云亦云，而无独得之见解，则虽博闻多识，犹书簏耳，无所谓知识也。至若预存成见，凡他人之说，不求其所以然，而一切与之反对，则又怀疑之过，殆不知学问为何物者。盖疑义者，学问之作用，非学问之目的也。

第八节　修德

人之所以异于禽兽者，以其有德性耳。当为而为之之谓德，为诸德之源；而使吾人以行德为乐者之谓德性。体力也，知能也，皆实行道德者之所资。然使不率之以德性，则犹有精兵而不以良将将之，于是刚强之体力，适以资横暴；卓越之知能，或以助奸恶，岂不惜欤？

德性之基本，一言以蔽之曰：循良知。一举一动，循良知所指，而不挟一毫私意于其间，则庶乎无大过，而可以为有德之人矣。今略举德性之概要如下：

德性之中，最普及于行为者，曰信义。信义者，实事求是，而不以利害生死之关系枉其道也。社会百事，无不由信义而成立。苟蔑弃信义之人，遍于中国，则一国之名教风纪，扫地尽矣。孔子曰：言忠信，行笃敬，虽蛮貊之邦行矣。言信义之可尚也。人苟以信义接人，毫无自私自利之见，而推赤心于腹中，虽暴戾之徒，不敢忤焉。否则不顾理义，务挟诈术以遇人，则虽温厚笃实者，亦往往报我以无礼。西方之谚曰：正直者，上乘之机略。此之谓也。世尝有牢笼人心之伪君子，率不过取售一时，及一旦败露，则人亦不与之齿矣。

入信义之门，在不妄语而无爽约。少年癖嗜新奇，往往背事理真相，而构造虚伪之言，冀以耸人耳目。行之既久，则虽非戏谑谈笑之时，而不知不觉，动参妄语，其言遂不能取信于他人。盖其言真伪相半，是否之间，甚难判别，诚不如不信之为愈也。故妄语不可以不戒。

凡失信于发言之时者为妄语，而失信于发言以后为爽约。二者皆丧失信用之道也。有约而不践，则与之约者，必致靡费时间，贻误事机，而大受其累。故其事苟至再至三，则人将相戒不敢与共事矣。如是，则虽置身人世，而枯寂无聊，直与独栖沙漠无异，非自苦之尤乎？顾世亦有本无爽约之心，而迫于意外之事，使之不得不如是者。如与友人有游散之约，而猝遇父兄罹疾，此其轻重缓急之间，不言可喻，苟舍父兄之急，而局局于小信，则反为悖德，诚不能弃此而就彼。然后起之事，苟非促促无须臾暇者，亦当通信于所约之友，而告以其故，斯则虽不践言，未为罪也。又有既经要约，旋悟其事之非理，而不便遂行者，亦以解约为是。此其爽约之罪，乃原因于始事之不慎。故立约之初，必确见其事理之不谬，而自审材力之所能及，而后决定焉。中庸曰：言顾行，行顾言。此之谓也。

言为心声，而人之处世，要不能称心而谈，无所顾忌。苟不问何地何时，与夫相对者之为何人，而辄以己意喋喋言之，则不免取厌于人。且或炫己之长，揭人之短，则于己既为失德，于人亦适以招怨。至乃讦人阴私，称人旧恶，使听者无地自容，则言出而祸随者，比比见之。人亦何苦逞一时之快，而自取其咎乎？

交际之道，莫要于恭俭。恭俭者，不放肆，不僭滥之谓也。人间积不相能之故，恒起于一时之恶感，应对酬酢之间，往往有以傲慢之容色，轻薄之辞气，而激成凶隙者。在施者未必有意以此侮人，而要其平日不恭不俭之习惯，有以致之。欲矫其弊，必循恭俭，事尊长，交朋友，所不待言。而于始相见者，尤当注意。即其人过失昭著而不受尽言，亦不宜以意气相临，第和色以谕之，婉言以导之，赤心以感动之，如是而不从者鲜矣。不然，则倨傲偃蹇，君子以为不可与言，而小人以为鄙己，蓄怨积愤，鲜不藉端而开衅者，是不可以不慎也。

不观事父母者乎，婉容愉色以奉朝夕，虽食不重肉，衣不重帛，父母乐之；或其色不愉，容不婉，虽锦衣玉食，未足以悦父母也。交际之道亦然，苟容貌辞令，不失恭俭之旨，则其他虽简，而人不以为忤，否则即铺张扬厉，亦无效耳。

名位愈高，则不恭不俭之态易萌，而及其开罪于人也，得祸亦尤烈。故恭俭者，即所以长保其声名富贵之道也。

恭俭与卑屈异。卑屈之可鄙，与恭俭之可尚，适相反焉。盖独立自主之心，为人生所须臾不可离者。屈志枉道以迎合人，附合雷同，阉然媚世，是皆卑屈，非恭俭也。谦逊者，恭俭之一端，而要其人格之所系，则未有可以受屈于人者。宜让而让，宜守而守，则恭俭者所有事也。

礼仪，所以表恭俭也。而恭俭则不仅在声色笑貌之间，诚意积于中，而德辉发于外，不可以伪为也。且礼仪与国俗及时世为推移，其意虽同，而其迹或大异，是亦不可不知也。

恭俭之要，在能容人。人心不同，苟以异己而辄排之，则非合群之道矣。且人非圣人，谁能无过？过而不改，乃成罪恶。逆耳之言，尤当平心而察之，是亦恭俭之效也。

第九节　交友

人情喜群居而恶离索，故内则有家室，而外则有朋友。朋友者，所以为人损痛苦而益欢乐者也。虽至快之事，苟不得同志者共赏之，则其趣有限；当抑郁无聊之际，得一良友慰其寂寞，而同其忧戚，则胸襟豁然，前后殆若两人。至于远游羁旅之时，兄弟戚族，不遑我顾，则所需于朋友者尤切焉。

朋友者，能救吾之过失者也。凡人不能无偏见，而意气用事，由往往不遑自返，斯时得直谅之友，忠告而善导之，则有憬然自悟其非者，其受益孰大焉。

朋友又能成人之善而济其患。人之营业，鲜有能以独力成之者，方今交通利便，学艺日新，通功易事之道愈密，欲兴一业，尤不能不合众志以成之。则所需于朋友之助力者，自因之而益广。至于猝遇疾病，或值变故，所以慰藉而保护之者，自亲戚家人而外，非朋友其谁望耶？

朋友之有益于我也如是。西哲以朋友为在外之我，洵至言哉。人而无友，则虽身在社会之中，而胸中之岑寂无聊，曾何异于独居沙漠耶？

古人有言，不知其人，观其所与。朋友之关系如此，则择交不可以不慎也。凡朋友相识之始，或以乡贯职业，互有关系；或以德行才器，素相钦慕，本不必同出一途。而所以订交者，要不为一时得失之见，而以久要不渝为本旨。若乃任性滥交，不顾其后，无端而为胶漆，无端而为冰炭，则是以交谊为儿戏耳。若而人者，终其身不能得朋友之益矣。

既订交矣，则不可以不守信义。信义者，朋友之第一本务也。苟无信义，则猜忌之见，无端而生，凶终隙末之事，率起于是。唯信义之交，则无自而离间之也。

朋友有过，宜以诚意从容而言之，即不见从，或且以非理加我，则亦姑恕宥之，而徐俟其悔悟。世有历数友人过失，不少假借，或因而愤争者，是非所以全友谊也。而听言之时，则虽受切直之言，或非人所能堪，而亦当温容倾听，审思其理之所在，盖不问其言之得当与否，而其情要可感也。若乃自讳其过而忌直言，则又何异于讳疾而忌医耶？

夫朋友有成美之益，既如前述，则相为友者，不可以不实行其义。有如农工实业，非集巨资合群策不能成立者，宜各尽其能力之所及，协而图之。及其行也，互持契约，各守权限，无相诈也，无相诿也，则彼此各享其利矣。非特实业也，学问亦然。方今文化大开，各科学术，无不理论精微，范围博大，有非一人之精力所能周者。且分科至繁，而其间乃互有至密之关系。若专修一科，而不及其他，则孤陋而无藉，合各科而兼习焉，则又泛滥而无所归宿，是以能集同志之友，分门治之，互相讨论，各以其所长相补助，则学业始可抵于大成矣。

虽然，此皆共安乐之事也，可与共安乐，而不可与共患难，非朋友也。朋友之道，在扶困济危，虽自掷其财产名誉而不顾。否则如柳子厚所言，平日相征逐、相慕悦，誓不相背负；及一旦临小利害若毛发、辄去之若浼者。人生又何贵有朋友耶？

朋友如有悖逆之征，则宜尽力谏阻，不可以交谊而曲徇之。又如职司所在，公而忘私，亦不得以朋友之请谒若关系，而有所假借。申友谊而屈公权，是国家之罪人也。朋友之交，私德也；国家之务，公德也。二者不能并存，则不能不屈私德以从公德。此则国民所当服膺者也。

第十节　从师

凡人之所以为人者，在德与才。而成德达才，必有其道。经验，一也；读书，二也；从师受业，三也。经验为一切知识及德行之渊源，而为之者，不可不先有辨别事理之能力。书籍记远方及古昔之事迹，及各家学说，大有裨于学行，而非粗谙各科大旨，及能甄别普通事理之是非者，亦读之而茫然。是以从师受业，实为先务。师也者，授吾以经验及读书之方法，而养成其自由抉择之能力者也。

人之幼也，保育于父母。及稍长，则苦于家庭教育之不完备，乃入学亲师。故师也者，代父母而任教育者也。弟子之于师，敬之爱之，而从顺之，感其恩勿谖，宜也。自师言之，天下至难之事，无过于教育。何则？童子未有甄别是非之能力，一言一动，无不赖其师之诱导，而养成其习惯，使其情绪思想，无不出于纯正者，师之责也。他日其人之智慧如何，能造福于社会及国家否，为师者不能不任其责。是以其职至劳，其虑至周，学者而念此也，能不感其恩而图所以报答之者乎？

弟子之事师也，以信从为先务。师之所授，无一不本于造就弟子之念，是以见弟子之信从而勤勉也，则喜，非自喜也，喜弟子之可以造就耳。盖其教授之时，在师固不能自益其知识也。弟子念教育之事，非为师而为我，则自然笃信其师，而尤不敢不自勉矣。

弟子知识稍进，则不宜事事待命于师，而常务自修，自修则学问始有兴趣，而不至畏难，较之专恃听授者，进境尤速。唯疑之处，不可武断，就师而质焉可也。

弟子之于师，其受益也如此，苟无师，则虽经验百年，读书万卷，或未必果有成效。从师者，事半而功倍者也。师之功，必不可忘，而人乃以为区区修脯已足偿之，若购物于市然。然则人子受父母之恩，亦以服劳奉养为足偿之耶？为弟子者，虽毕业以后，而敬爱其师，无异于受业之日，则庶乎其可矣。

第二章

家族

第一节　总论

凡修德者，不可以不实行本务。本务者，人与人相接之道也。是故子弟之本务曰孝弟、夫妇之本务曰和睦。为社会之一人，则以信义为本务；为国家之一民，则以爱国为本务。能恪守种种之本务，而无或畔焉，是为全德。修己之道，不能舍人与人相接之道而求之也。道德之效，在本诸社会国家之兴隆，以增进各人之幸福。故吾之幸福，非吾一人所得而专，必与积人而成之家族，若社会，若国家，相待而成立，则吾人于所以处家族社会及国家之本务，安得不视为先务乎？

有人于此，其家族不合，其社会之秩序甚乱，其国家之权力甚衰，若而人者，独可以得幸福乎？内无天伦之乐，外无自由之权，凡人生至要之事，若生命，若财产，若名誉，皆岌岌不能自保，若而人者，尚可以为幸福乎？于是而言幸福，非狂则奸，必非吾人所愿为也。然则吾人欲先立家族社会国家之幸福，以成吾人之幸福，其道如何？无他，在人人各尽其所以处家族社会及国家之本务而已。是故接人之道，必非有妨于吾人之幸福，而适所以成之，则吾人修己之道，又安得外接人之本务而求之耶？

接人之本务有三别：一，所以处于家族者；二，所以处于社会者；三，所以处于国家者。是因其范围之大小而别之。家族者，父子兄弟夫妇之伦，同处于一家之中者也。社会者，不必有宗族之系，而唯以休戚相关之人集成之者也。国家者，有一定之土地及其人民，而以独立之主权统治之者也。吾人处于其间，在家则为父子，为兄弟，为夫妇，在社会则为公民，在国家则为国民，此数者，各有应尽之本务，并行而不悖，苟失其一，则其他亦受其影响，而不免有遗憾焉。

虽然，其事实虽同时并举，而言之则不能无先后之别。请先言处家族之本务，而后及社会、国家。

家族者，社会、国家之基本也。无家族，则无社会，无国家。故家族者，道德之门径也。于家族之道德，苟有缺陷，则于社会、国家之道德，亦必无纯全之望，所谓求忠臣，必于孝子之门者此也。彼夫野蛮时代之社会，殆无所谓家族，即曰有之，亦复父子无亲，长幼无序，夫妇无别。以如是家族，而欲其成立纯全之社会及国家，必不可得。蔑伦背理，盖近于禽兽矣。吾人则不然，必先有一纯全之家族，父慈子孝，兄友弟悌，夫义妇和，一家之幸福，无或不足。由是而施之于社会，则为仁义，由是而施之于国家，则为忠爱。故家族之顺戾，即社会之祸福，国家之盛衰，所由生焉。

家族者，国之小者也。家之所在，如国土然，其主人如国之有元首，其子女什从，犹国民焉，其家族之系统，则犹国之历史也。若夫不爱其家，不尽其职，则又安望其能爱国而尽国民之本务耶？

凡人生之幸福，必生于勤勉，而吾人之所以鼓舞其勤勉者，率在对于吾人所眷爱之家族，而有增进其幸福之希望。彼夫非常之人，际非常之时，固有不顾身家以自献于公义者，要不可以责之于人人。吾人苟能亲密其家族之关系，而养成相友相助之观念，则即所以间接而增社会、国家之幸福者矣。

凡家族所由成立者，有三伦焉，一曰亲子；二曰夫妇；三曰兄弟姊妹。三者各有其本务，请循序而言之。

第二节　子女

凡人之所贵重者，莫身若焉。而无父母，则无身。然则人子于父母，当何如耶？

父母之爱其子也，根于天性，其感情之深厚，无足以尚之者。子之初娠也，其母为之不敢顿足，不敢高语，选其饮食，节其举动，无时无地，不以有妨于胎儿之康健为虑。及其生也，非受无限之劬劳以保护之，不能全其生。而父母曾不以是为烦，饥则忧其食之不饱，饱则又虑其太过；寒则恐其凉，暑则惧其暍，不唯此也，虽婴儿之一啼一笑，亦无不留意焉，而同其哀乐。及其稍长，能匍匐也，则望其能立；能立也，则又望其能行。及其六七岁而进学校也，则望其日有进境。时而罹疾，则呼医求药，日夕不遑，而不顾其身之因而衰弱。其子远游，或日暮而不归，则倚门而望之，唯祝其身之无恙。及其子之毕业于普通教育，而能营独立之事业也，则尤关切于其成败，其业之隆，父母与喜；其业之衰，父母与忧焉，盖终其身无不为子而劬劳者。呜呼！父母之恩，世岂有足以比例之者哉！

世人于一饭之恩，且图报焉，父母之恩如此，将何以报之乎？

事父母之道，一言以蔽之，则曰孝。亲之爱子，虽禽兽犹或能之，而子之孝亲，则独见之于人类。故孝者，即人之所以为人者也。盖历久而后能长成者，唯人为最。其他动物，往往生不及一年，而能独立自营，其沐恩也不久，故子之于亲，其本务亦随之而轻。人类则否，其受亲之养护也最久，所以劳其亲之身心者亦最大。然则对于其亲之本务，亦因而重大焉，是自然之理也。

且夫孝者，所以致一家之幸福者也。一家犹一国焉，家有父母，如国有元首，元首统治一国，而人民不能从顺，则其国必因而衰弱；父母统治一家，而子女不尽孝养，则一家必因而乖戾。一家之中，亲子兄弟，日相阋而不已，则由如是之家族，而集合以为社会，为国家，又安望其协和而致治乎？

古人有言，孝者百行之本。孝道不尽，则其余殆不足观。盖人道莫大于孝，亦莫先于孝。以之事长则顺，以之交友则信。苟于凡事皆推孝亲之心以行之，则道德即由是而完。《论语》曰："其为人也孝弟，而好犯上者鲜矣。君子务本，本立而道生，孝弟也者，其为人之本与。"此之谓也。

然而吾人将何以行孝乎？孝道多端，而其要有四：曰顺；曰爱；曰敬；曰报德。

顺者，谨遵父母之训诲及命令也。然非不能已而从之也，必有诚恳欢欣之意以将之。盖人子之信其父母也至笃，则于其所训也，曰：是必适于德义；于其所戒也，曰：是必出于慈爱，以为吾遵父母之命，其必可以增进吾身之幸福无疑也。曾何所谓勉强者。彼夫父母之于子也，即遇其子之不顺，亦不能恝然置之，尚当多为指导之术，以尽父母之道，然则人子安可不以顺为本务者。世有悲其亲不慈者，率由于事亲之不得其道，其咎盖多在于子焉。

子之幼也，于顺命之道，无可有异辞者，盖其经验既寡，知识不充，决不能循己意以行事。当是时也，于父母之训诲若命令，当悉去成见，而婉容愉色以听之，毋或有抗言，毋或形不满之色。及渐长，则自具辨识事理之能力，然于父母之言，亦必虚心而听之。其父母阅历既久，经验较多，不必问其学识之如何，而其言之切于实际，自有非青年所能及者。苟非有利害之关系，则虽父母之言，不足以易吾意，而吾亦不可以抗争。其或关系利害而不能不争也，则亦当和气怡色而善为之辞，徐达其所以不敢苟同于父母之意见，则始能无忤于父母矣。

人子年渐长，智德渐备，处世之道，经验渐多，则父母之干涉之也渐宽，是亦父母见其子之成长而能任事，则渐容其自由之意志也。然顺之迹，不能无变通。而顺之意，则为人子所须臾不可离者。凡事必时质父母之意见，而求所以达之。自恃其才，悍然违父母之志而不顾者，必非孝子也。至于其子远离父母之侧，而临事无遑请命，抑或居官吏兵士之职，而不能以私情参预公义，斯则事势之不得已者也。

人子顺亲之道如此，然亦有不可不变通者。今使亲有乱命，则人子不唯不当妄从，且当图所以谏阻之，知其不可为，以父母之命而勉从之者，非特自罹于罪，且因而陷亲于不义，不孝之大者也。若乃父母不幸而有失德之举，不密图补救，而辄暴露之，则亦非人子之道。孔子曰：父为子隐，子为父隐。是其义也。

爱与敬，孝之经纬也。亲子之情，发于天性，非外界舆论，及法律之所强。是故亲之为其子，子之为其亲，去私克己，劳而无怨，超乎利害得失之表，此其情之所以为最贵也。本是情而发见者，曰爱曰敬，非爱则驯至于乖离；非敬则渐流于狎爱。爱而不敬，禽兽犹或能之，敬而不爱，亲疏之别何在？二者失其一，不可以为孝也。

能顺能爱能敬，孝亲之道毕乎？曰：未也。孝子之所最尽心者，图所以报父母之德是也。

受人之恩，不敢忘焉，而必图所以报之，是人类之美德也。而吾人一生最大之恩，实在父母。生之育之饮食之教诲之，不特吾人之生命及身体，受之于父母，即吾人所以得生存于世界之术业，其基本亦无不为父母所畀者，吾人乌能不日日铭感其恩，而图所以报答之乎？人苟不容心于此，则虽谓其等于禽兽可也。

人之老也，余生无几，虽路人见之，犹起恻隐之心，况为子者，日见其父母老耄衰弱，而能无动于衷乎？昔也，父母之所以爱抚我者何其挚；今也，我之所以慰藉我父母者，又乌得而苟且乎？且父母者，随其子之成长而日即于衰老者也。子女增一日之成长，则父母增一日之衰老，及其子女有独立之业，而有孝养父母之能力，则父母之余年，固已无已矣。犹不及时而尽其孝养之诚，忽忽数年，父母已弃我而长逝，我能无抱终天之恨哉？

吾人所以报父母之德者有二道，一曰养其体；二曰养其志。

养体者，所以图父母之安乐也。尽我力所能及，为父母调其饮食，娱其耳目，安其寝处，其他寻常日用之所需，无或缺焉而后可。夫人子既及成年，而尚缺口体之奉于其父母，固已不免于不孝，若乃丰衣足食，自恣其奉，而不顾父母之养，则不孝之尤矣。

父母既老，则肢体不能如意，行止坐卧，势不能不待助于他人，人子苟可以自任者，务不假手于婢仆而自任之，盖同此扶持抑搔之事，而出于其子，则父母之心尤为快足也。父母有疾，苟非必不得已，则必亲侍汤药。回思幼稚之年，父母之所以鞠育我者，劬劳如何，即尽吾力以为孝养，亦安能报其深恩之十一欤？为人子者，不可以不知此也。

人子既能养父母之体矣，尤不可不养其志。父母之志，在安其心而无贻以忧。人子虽备极口体之养，苟其品性行为，常足以伤父母之心，则父母又何自而安乐乎？口体之养，虽不肖之子，苟有财力，尚能供之。至欲安父母之心而无贻以忧，则所谓一发言一举足而不敢忘父母，非孝子不能也。养体，末也；养志，本也；为人子者，其务养志哉。

养志之道，一曰卫生。父母之爱子也，常祝其子之康强。苟其子孱弱而多疾，则父母重忧之。故卫生者，非独自修之要，而亦孝亲之一端也。若乃冒无谓之险，逞一朝之忿，以危其身，亦非孝子之所为。有人于此，虽赠我以至薄之物，我亦必郑重而用之，不辜负其美意也。我身者，父母之遗体，父母一生之劬劳，施于吾身者为多，然则保全之而摄卫之，宁非人子之本务乎？孔子曰：身体发肤，受之父母，不敢毁伤，孝之始也。此之谓也。

虽然，徒保其身而已，尚未足以养父母之志。父母者，既欲其子之康强，又乐其子之荣誉者也。苟其子庸劣无状，不能尽其对于国家、社会之本务，甚或陷于非僻，以贻羞于其父母，则父母方愧愤之不遑，又何以得其欢心耶？孔子曰：事亲者，居上不骄，为下不乱，在丑不争。居上而骄则亡；为下而乱则刑；在丑而争则兵。不去此三者，虽日用三牲之养，犹不孝也。正谓此也。是故孝者，不限于家族之中，非于其外有立身行道之实，则不可以言孝。谋国不忠，莅官不敬，交友不信，皆不孝之一。至若国家有事，不顾其身而赴之，则虽杀其身而父母荣之，国之良民，即家之孝子。父母固以其子之荣誉为荣誉，而不愿其苟生以取辱者也。此养志之所以重于养体也。

翼赞父母之行为，而共其忧乐，此亦养志者之所有事也。故不问其事物之为何，苟父母之所爱敬，则己亦爱敬之；父母之所嗜好，则己亦嗜好之。

凡此皆亲在之时之孝行也。而孝之为道，虽亲没以后，亦与有事焉。父母没，葬之以礼，祭之以礼；父母之遗言，没身不忘，且善继其志，善述其事，以无负父母。更进而内则尽力于家族之昌荣；外则尽力于社会、国家之业务，使当世称为名士伟人，以显扬其父母之名于不朽，必如是而孝道始完焉。

第三节　父母

子于父母，固有当尽之本务矣，而父母之对于其子也，则亦有其道在。人子虽未可以此责善于父母。而凡为人子者，大抵皆有为父母之时，不知其道，则亦有贻害于家族、社会、国家而不自觉其非者。精于言孝，而忽于言父母之道，此亦一偏之见也。

父母之道虽多端，而一言以蔽之曰慈。子孝而父母慈，则亲子交尽其道矣。

慈者，非溺爱之谓，谓图其子终身之幸福也。子之所嗜，不问其邪正是非而辄应之，使其逞一时之快，而或贻百年之患，则不慈莫大于是。故父母之于子，必考察夫得失利害之所在，不能任自然之爱情而径行之。

养子教子，父母第一本务也。世岂有贵于人之生命者，生子而不能育之，或使陷于困乏中，是父母之失其职也。善养其子，以至其成立而能营独立之生计，则父母育子之职尽矣。

父母既有养子之责，则其子身体之康强与否，亦父母之责也。卫生之理，非稚子所能知。其始生也，蠢然一小动物耳，起居无力，言语不辩，且不知求助于人，使非有时时保护之者，殆无可以生存之理。而保护之责，不在他人，而在生是子之父母，固不待烦言也。

既能养子，则又不可以不教之。人之生也，智德未具，其所具者，可以吸受智德之能力耳。故幼稚之年，无所谓善，无所谓智，如草木之萌蘖然，可以循人意而矫揉之，必经教育而始成有定之品性。当其子之幼稚，而任教训指导之责者，舍父母而谁？此家庭教育之所以为要也。

家庭者，人生最初之学校也。一生之品性，所谓百变不离其宗者，大抵胚胎于家庭之中。习惯固能成性，朋友亦能染人，然较之家庭，则其感化之力远不及者。社会、国家之事业，繁矣，而成此事业之人物，孰非起于家庭中呱呱之小儿乎？虽伟人杰士，震惊一世之意见及行为，其托始于家庭中幼年所受之思想者，盖必不鲜。是以有为之士，非出于善良之家庭者，世不多有。善良之家庭，其社会、国家所以隆盛之本欤？

幼儿受于家庭之教训，虽薄物细故，往往终其生而不忘。故幼儿之于长者，如枝干之于根本然。一日之气候，多定于崇朝，一生之事业，多决于婴孩，甚矣。家庭教育之不可忽也。

家庭教育之道，先在善良其家庭。盖幼儿初离襁褓，渐有知觉，如去暗室而见白日然。官体之所感触，事事物物，无不新奇而可喜，其时经验既乏，未能以自由之意志，择其行为也。则一切取外物而摹仿之，自然之势也。当是时也，使其家庭中事事物物，凡萦绕幼儿之旁者，不免有腐败之迹，则此儿清洁之心地，遂纳以终身不磨之瑕玷。不然，其家庭之中，悉为敬爱正直诸德之所充，则幼儿之心地，又何自而被玷乎？有家庭教育之责者，不可不先正其模范也。

为父母者，虽各有其特点之职分，而尚有普通之职分，行止坐卧，无可以须臾离者，家庭教育是也。或择其业务，或定其居所，及其他言语饮食衣服器用，凡日用行常之间，无不考之于家庭教育之利害而择之。昔孟母教子，三迁而后定居，此百事之师范也。父母又当乘时机而为训诲之事，子有疑问，则必以真理答之，不可以荒诞无稽之言塞其责；其子既有辨别善恶是非之知识，则父母当监视而以时劝惩之，以坚其好善恶恶之性质。无失之过严，亦无过宽，约束与放任，适得其中而已。凡母多偏于慈，而父多偏于严。子之所以受教者偏，则其性质亦随之而偏。故欲养成中正之品性者，必使受宽严得中之教育也。其子渐长，则父母当相其子之材器，为之慎择职业，而时有以指导之。年少气锐者，每不遑熟虑以后之利害，而定目前之趋向，故于子女独立之始，智能方发，阅历未深，实为危险之期，为父母者，不可不慎监其所行之得失，而以时劝戒之。

第四节　夫妇

国之本在家，家之本在夫妇。夫妇和，小之为一家之幸福，大之致一国之富强。古人所谓人伦之始，风化之原者，此也。

夫妇者，本非骨肉之亲，而配合以后，苦乐与共，休戚相关，遂为终身不可离之伴侣。而人生幸福，实在于夫妇好合之间。然则夫爱其妇，妇顺其夫，而互维其亲密之情义者，分也。夫妇之道苦，则一家之道德失其本，所谓孝弟忠信者，亦无复可望，而一国之道德，亦由是而颓废矣。

爱者，夫妇之第一义也。各舍其私利，而互致其情，互成其美，此则夫妇之所以为夫妇，而亦人生最贵之感情也。有此感情，则虽在困苦颠沛之中，而以同情者之互相慰藉，乃别生一种之快乐。否则感情既薄，厌忌嫉妒之念，乘隙而生，其名夫妇，而其实乃如路人，虽曰处华膴之中，曾何有人生幸福之真趣耶？

夫妇之道，其关系如是其重也，则当夫妇配合之始，婚姻之礼，乌可以不慎乎！是为男女一生祸福之所系，一与之齐，终身不改焉。其或不得已而离婚，则为人生之大不幸，而彼此精神界，遂留一终身不灭之创痍。人生可伤之事，孰大于是。

婚姻之始，必本诸纯粹之爱情。以财产容色为准者，决无以持永久之幸福。盖财产之聚散无常，而容色则与年俱衰。以是为准，其爱情可知矣。纯粹之爱情，非境遇所能移也。

何谓纯粹之爱情，曰生于品性。男子之择妇也，必取其婉淑而贞正者；女子之择夫也，必取其明达而笃实者。如是则必能相信相爱，而构成良善之家庭矣。

既成家族，则夫妇不可以不分业。男女之性质，本有差别：男子体力较强，而心性亦较为刚毅；女子则体力较弱，而心性亦毗于温柔。故为夫者，当尽力以护其妻，无妨其卫生，无使过悴于执业，而其妻日用之所需，不可以不供给之。男子无养其妻之资力，则不宜结婚。既婚而困其妻于饥寒之中，则失为夫者之本务矣。女子之知识才能，大抵逊于男子，又以专司家务，而社会间之阅历，亦较男子为浅。故妻子之于夫，苟非受不道之驱使，不可以不顺从。而贞固不渝，忧乐与共，则皆为妻者之本务也。夫倡妇随，为人伦自然之道德，夫为一家之主，而妻其辅佐也，主辅相得，而家政始理。为夫者，必勤业于外，以赡其家族；为妻者，务整理内事，以辅其夫之所不及，是各因其性质之所近而分任之者。男女平权之理，即在其中，世之持平权说者，乃欲使男女均立于同等之地位，而执同等之职权，则不可通者也。男女性质之差别，第观于其身体结构之不同，已可概见：男子骨骼伟大，堪任力役，而女子则否；男子长于思想，而女子锐于知觉；男子多智力，而女子富感情；男子务进取，而女子喜保守。是以男子之本务，为保护，为进取，为劳动；而女子之本务，为辅佐，为谦让，为巽顺，是刚柔相济之理也。

生子以后，则夫妇即父母，当尽教育之职，以绵其家族之世系，而为社会、国家造成有为之人物。子女虽多，不可有所偏爱且必预计其他日对于社会、国家之本务，而施以相应之教育。以子女为父母所自有，而任意虐遇之，或骄纵之者，是社会、国家之罪人，而失父母之道者也。

第五节　兄弟姊妹

有夫妇而后有亲子，有亲子而后有兄弟姊妹。兄弟姊妹者，不唯骨肉关系，自有亲睦之情，而自其幼时提挈于父母之左右。食则同案，学则并几，游则同方，互相扶翼，若左右手然，又足以养其亲睦之习惯。故兄弟姊妹之爱情，自有非他人所能及者。

兄弟姊妹之爱情，亦如父母夫妇之爱情然，本乎天性，而非有利害得失之计较，杂于其中。是实人生之至宝，虽珠玉不足以易之，不可以忽视而放弃者也。是以我之兄弟姊妹，虽偶有不情之举，我必当宽容之，而不遽加以责备，常有因彼我责善，而伤手足之感情者，是亦不可不慎也。

盖父母者，自其子女视之，所能朝夕与共者，半生耳。而兄弟姊妹则不然，年龄之差，远逊于亲子，休戚之关，终身以之。故兄弟姊妹者，一生之间，当无时而不以父母膝下之情状为标准者也。长成以后，虽渐离父母，而异其业，异其居，犹必时相过从，祸福相同，忧乐与共，如一家然。即所居悬隔，而岁时必互通音问，同胞之情，虽千里之河山，不能阻之。远适异地，而时得见爱者之音书，实人生之至乐。回溯畴昔相依之状、预计他日再见之期，友爱之情，有油然不能自已者矣。

兄姊之年，长于弟妹，则其智识经验，自较胜于幼者，是以为弟妹者，当视其兄姊为两亲之次，遵其教训指导而无敢违。虽在他人，幼之于长，必尽谦让之礼，况于兄姊耶？为兄姊者，于其弟妹，亦当助父母提撕劝诫之责，毋得挟其年长，而以暴慢恣睢之行施之，浸假兄姊凌其弟妹，或弟妹慢其兄姊，是不啻背于伦理，而彼此交受其害，且因而伤父母之心，以破一家之平和，而酿社会、国家之隐患。家之于国，如细胞之于有机体，家族不合，则一国之人心，必不能一致，人心离畔，则虽有亿兆之众，亦何以富强其国家乎？

昔西哲苏格拉底，见有兄弟不睦者而诫之曰：“兄弟贵于财产。何则？财产无感觉，而兄弟有同情，财产赖吾人之保护，而兄弟则保护吾人者也。凡人独居，则必思群，何独疏于其兄弟乎？且兄弟非同其父母者耶？”不见彼禽兽同育于一区者，不尚互相亲爱耶？而兄弟顾不互相亲爱耶？其言深切著明，有兄弟者，可以鉴焉。

兄弟姊妹，日相接近，其相感之力甚大。人之交友也，习于善则善，习于恶则恶。兄弟姊妹之亲善，虽至密之朋友。不能及焉，其习染之力何如耶？凡子弟不从父母之命，或以粗野侮慢之语对其长者，率由于兄弟姊妹间，素有不良之模范。故年长之兄姊，其一举一动，悉为弟妹所属目而摹仿，不可以不慎也。

兄弟之于姊妹，当任保护之责，盖妇女之体质既纤弱，而精神亦毗于柔婉，势不能不倚于男子。如昏夜不敢独行，即受谗诬；亦不能如男子之慷慨争辩，以申其权利之类是也。故姊妹未嫁者，助其父母而扶持保护之，此兄弟之本务也。而为姊妹者，亦当尽力以求有益于其兄弟。少壮之男子，尚气好事，往往有凌人冒险，以小不忍而酿巨患者，谏止之力，以姊妹之言为最优。盖女子之情醇笃，而其言尤为蕴藉，其所以杀壮年之客气者，较男子之抗争为有效也。兄弟姊妹能互相扶翼，如是，则可以同休戚而永续其深厚之爱情矣。

不幸而父母早逝，则为兄姊者，当立于父母之地位，而抚养其弟妹。当是时也，弟妹之亲其兄姊，当如父母，盖可知也。

第六节　族戚及主仆

家族之中，既由夫妇而有父子，由父子而有兄弟姊妹，于是由兄弟之所生，而推及于父若祖若曾祖之兄弟，及其所生之子若孙，是谓家族。且也，兄弟有妇，姊妹有夫，其母家婿家，及父母以上凡兄弟之妇之母家，姊妹之婿家，皆为姻戚焉。既为族戚，则溯其原本，同出一家，较之无骨肉之亲，无葭莩之谊者，关系不同，交际之间，亦必视若家人，岁时不绝音问，吉凶相庆吊，穷乏相赈恤，此族戚之奉务也。天下滔滔，群以利害得失为聚散之媒，而独于族戚间，尚互以真意相酬答，若一家焉，是亦人生之至乐也。

人之于邻里，虽素未相识，而一见如故。何也？其关系密也。至于族戚，何独不然。族戚者，非唯一代之关系，而实祖宗以来历代之关系，即不幸而至流离颠沛之时，或朋友不及相救，故旧不及相顾，当此之时所能援手者，非族戚而谁？然则平日宜相爱相扶也明矣。

仆之于主，虽非有肺腑之亲，然平日追随既久，关系之密切，次于家人，是故忠实驯顺者，仆役之务也；恳切慈爱者，主人之务也。

为仆役者，宜终始一心，以从主人之命，不顾主人之监视与否，而必尽其职，且不以勤苦而有怏怏之状。同一事也，怡然而为之，则主人必尤为快意也。若乃挟诈慢之心以执事，甚或讦主人之阴事，以暴露于邻保，是则不义之尤者矣。

夫人莫不有自由之身体，及自由之意志，不得已而被役于人，虽有所取偿，然亦至可悯矣。是以为主人者，宜长存哀矜之心，使役有度，毋任意斥责，若犬马然。至于仆役佣资，即其人沽售劳力之价值，至为重要，必如约而畀之。夫如是，主人善视其仆役，则仆役亦必知感而尽职矣。

仆役之良否，不特于一家之财政有关，且常与子女相驯。苟品性不良，则子女辄被其诱惑，往往有日陷于非僻而不觉者。故有仆役者，选择不可不慎，而监督尤不可不周。

自昔有所谓义仆者，常于食力以外，别有一种高尚之感情，与其主家相关系焉。或终身不去，同于家人，或遇其穷厄，艰苦共尝而怨，或以身殉主自以为荣。有是心也，推之国家，可以为忠良之国民，虽本于其天性之笃厚，然非其主人信爱有素，则亦不足以致之。

第三章

社会

第一节　总论

凡趋向相同利害与共之人，集而为群，苟其于国家无直接之关系，于法律无一定之限制者，皆谓之社会。是以社会之范围，广狭无定，小之或局于乡里，大之则亘于世界，如所谓北京之社会，中国之社会，东洋之社会，与夫劳工社会，学者社会之属，皆是义也。人生而有合群之性，虽其种族大别，国土不同者，皆得相依相扶，合而成一社会，此所以有人类社会之道德也。然人类恒因土地相近种族相近者，建为特别之团体，有统一制裁之权，谓之国家，所以弥各种社会之缺憾，而使之互保其福利者也。故社会之范围，虽本无界限，而以受范于国家者为最多。盖世界各国，各有其社会之特性，而不能相融，是以言实践道德者，于人类社会，固有普通道德，而于各国社会，则又各有其特别之道德，是由于其风土人种习俗历史之差别而生者，而本书所论，则皆适宜于我国社会之道德也。

人之组织社会，与其组织家庭同，而一家族之于社会，则亦犹一人之于家族也。人之性，厌孤立而喜群居，是以家族之结合，终身以之。而吾人喜群之性，尚不以家族为限。向使局处家庭之间，与家族以外之人，情不相通，事无与共，则此一家者，无异在穷山荒野之中，而其家亦乌能成立乎？

盖人类之体魄及精神，其能力本不完具，非互相左右，则驯至不能生存。以体魄言之，吾人所以避风雨寒热之苦，御猛兽毒虫之害，而晏然保其生者，何一非社会之赐？以精神言之，则人苟不得已而处于孤立之境，感情思想，一切不能达之于人，则必有非常之苦痛，甚有因是而病狂者。盖人之有待于社会，如是其大也。且如语言文字之属，凡所以保存吾人之情智而发达之者，亦必赖社会之组织而始存。然则一切事物之关系于社会，盖可知矣。

夫人食社会之赐如此，则人之所以报效于社会者当如何乎？曰：广公益，开世务，建立功业，不顾一己之利害，而图社会之幸福，则可谓能尽其社会一员之本务者矣。盖公而忘私之心，于道德最为高尚，而社会之进步，实由于是。故观于一社会中志士仁人之多寡，而其社会进化之程度可知也。使人人持自利主义，而漠然于社会之利害，则其社会必日趋腐败，而人民必日就零落，卒至人人同被其害而无救，可不惧乎？

社会之上，又有统一而制裁之者，是为国家。国家者，由独立之主权，临于一定之土地、人民，而制定法律以统治之者也。凡人既为社会之一员，而持社会之道德，则又为国家之一民，而当守国家之法律。盖道德者，本以补法律之力之所不及；而法律者，亦以辅道德之功之所未至，二者相须为用。苟悖于法律，则即为国家之罪人，而决不能援社会之道德以自护也。唯国家之本领，本不在社会，是以国家自法律范围以外，决不干涉社会之事业，而社会在不违法律之限，亦自有其道德之自由也。

人之在社会也，其本务虽不一而足，而约之以二纲，曰公义；曰公德。

公义者，不侵他人权利之谓也。我与人同居社会之中，人我之权利，非有径庭，我既不欲有侵我之权利者，则我亦决勿侵人之权利。人与人互不相侵，而公义立矣。吾人之权利，莫重于生命财产名誉。生命者一切权利之本位，一失而不可复，其非他人之所得而侵犯，所不待言。财产虽身外之物，然人之欲立功名享福利者，恒不能徒手而得，必有借于财产。苟其得之以义，则即为其人之所当保守，而非他人所能干涉者也。名誉者，无形之财产，由其人之积德累行而后得之，故对于他人之谗诬污蔑，亦有保护之权利。是三者一失其安全，则社会之秩序，既无自而维持。是以国家特设法律，为吾人保护此三大权利。而吾人亦必尊重他人之权利，而不敢或犯。固为谨守法律之义务，抑亦对于社会之道德，以维持其秩序者也。

虽然，人仅仅不侵他人权利，则徒有消极之道德，而未足以尽对于社会之本务也。对于社会之本务，又有积极之道德，博爱是也。

博爱者，人生最贵之道德也。人之所以能为人者以此。苟其知有一身而不知有公家，知有一家而不知有社会，熟视其同胞之疾苦颠连，而无动于衷，不一为之援手，则与禽兽奚择焉？世常有生而废疾者，或有无辜而罹缧绁之辱者，其他鳏寡孤独，失业无告之人，所在多有，且文化渐开，民智益进，社会之竞争日烈，则贫富之相去益远，而世之素无凭借、因而沉沦者，与日俱增，此亦理势之所必然者也。而此等沉沦之人，既已日趋苦境，又不敢背戾道德法律之束缚，以侵他人之权利，苟非有赈济之者，安得不束手就毙乎？夫既同为人类，同为社会之一员，不忍坐视其毙而不救，于是本博爱之心，而种种慈善之业起焉。

博爱可以尽公德乎？未也。赈穷济困，所以弥缺陷，而非所以求进步；所以济目前，而非所以图久远。夫吾人在社会中，决不以目前之福利为已足也，且目前之福利，本非社会成立之始之所有，实吾辈之祖先，累代经营而驯致之，吾人既已沐浴祖先之遗德矣，顾不能使所承于祖先之社会，益臻完美，以遗诸子孙，不亦放弃吾人之本务乎？是故人在社会，又当各循其地位，量其势力，而图公益，开世务，以益美善其社会。苟能以一人而造福于亿兆，以一生而遗泽于百世，则没世而功业不朽，虽古之圣贤，蔑以加矣。

夫人既不侵他人权利，又能见他人之穷困而救之，举社会之公益而行之，则人生对于社会之本务，始可谓之完成矣。吾请举孔子之言以为证，孔子曰：“己所不欲，勿施于人。”又曰：“己欲立而立人，己欲达而达人。”是二者，一则限制人，使不可为；一则劝导人，使为之。一为消极之道德；一为积极之道德。一为公义；一为公德。二者不可偏废。我不欲人侵我之权利，则我亦慎勿侵人之权利，斯己所不欲，勿施于人之义也。我而穷也，常望人之救之，我知某事之有益于社会，即有益于我，而力或弗能举也，则望人之举之，则吾必尽吾力所能及，以救穷人而图公益，斯即欲立而立人欲达而达人之义也。二者，皆道德上之本务，而前者又兼为法律上之本务。人而仅欲不为法律上之罪人，则前者足矣，如欲免于道德上之罪，又不可不躬行后者之言也。

第二节　生命

人之生命，为其一切权利义务之基本。无端而杀之，或伤之，是即举其一切之权利义务而悉破坏之，罪莫大焉。是以杀人者死，古今中外之法律，无不著之。

人与人不可以相杀伤。设有横暴之徒，加害于我者，我岂能坐受其害？势必尽吾力以为抵制，虽亦用横暴之术而杀之伤之，亦为正当之防卫。正当之防卫，不特不背于严禁杀伤之法律，而适所以保全之也。盖彼之欲杀伤我也，正所以破坏法律，我苟束手听命，以至自丧其生命，则不特我自放弃其权利，而且坐视法律之破坏于彼，而不尽吾力以相救，亦我之罪也。是故以正当之防卫而至于杀伤人，文明国之法律，所不禁也。

以正当之防卫，而至于杀伤人，是出于不得已也。使我身既已保全矣，而或余怒未已，或挟仇必报，因而杀伤之，是则在正当防卫之外，而我之杀伤为有罪。盖一人之权利，即以其一人利害之关系为范围，过此以往，则制裁之任在于国家矣。犯国家法律者，其所加害，虽或止一人，而实负罪于全社会。一人即社会之一分子，一分子之危害，必有关于全体之平和，犹之人身虽仅伤其一处，而即有害于全体之健康也。故刑罚之权，属于国家，而非私人之所得与。苟有于正当防卫之外，而杀伤人者，国家亦必以罪罪之，此不独一人之私怨也，即或借是以复父兄戚友之仇，亦为徇私情而忘公义，今世文明国之法律多禁之。

决斗者，野蛮之遗风也，国家既有法律以断邪正，判曲直，而我等乃以一己之私愤，决之于格斗，是直彼此相杀而已，岂法律之所许乎？且决斗者，非我杀人，即人杀我，使彼我均为放弃本务之人。而求其缘起，率在于区区之私情，且其一胜一败，亦非曲直之所在，而视乎其技术之巧拙，此岂可与法律之裁制同日而语哉？

法律亦有杀人之事，大辟是也。大辟之可废与否，学者所见，互有异同，今之议者，以为今世文化之程度，大辟之刑，殆未可以全废。盖刑法本非一定，在视文化之程度而渐改革之。故昔日所行之刑罚，有涉于残酷者，诚不可以不改，而悉废死刑之说，尚不能不有待也。

因一人之正当防卫而杀伤人，为国家法律所不禁，则以国家之正当防卫而至于杀伤人，亦必为国际公法之所许，盖不待言，征战之役是也。兵凶战危，无古今中外，人人知之，而今之持社会主义者，言之尤为痛切，然坤舆之上，既尚有国界，各国以各图其国民之利益，而不免与他国相冲突，冲突既剧，不能取决于樽俎之间，而决之以干戈，则其国民之躬与兵役者，发枪挥刃，以杀伤敌人，非特道德法律，皆所不禁，而实出于国家之命令，且出公款以为之准备者也。唯敌人之不与战役，或战败而降服者，则虽在两国开战之际，亦不得辄加以危害，此著之国际公法者也。

第三节　财产

夫生命之可重，既如上章所言矣。然人固不独好生而已，必其生存之日，动作悉能自由，而非为他人之傀儡，则其生始为可乐，于是财产之权起焉。盖财产者，人所辛苦经营所得之，于此无权，则一生勤力，皆为虚掷，而于己毫不相关，生亦何为？且人无财产权，则生计必有时不给，而生命亦终于不保。故财产之可重，次于生命，而盗窃之罪，次于杀伤，亦古今中外之所同也。

财产之可重如此，然而财产果何自而始乎？其理有二：曰先占；曰劳力。

有物于此，本无属，则我可以取而有之。何则？无主之物，我占之，而初非有妨于他人之权利也，是谓先占。

先占者，劳力之一端也。田于野，渔于水，或发见无人之地而占之，是皆属于先占之权者，虽其事难易不同，而无一不需，乎劳力。故先占之权，亦以劳力为基本，而劳力即为一切财产权所由生焉。

凡不待劳力而得者，虽其物为人生所必需，而不得谓之财产。如空气弥纶大地，任人呼吸，用之而不竭，故不可以为财产。至于山禽野兽，本非有畜牧之者，故不属于何人，然有人焉捕而获之，则得据以为财产，以其为劳力之效也。其他若耕而得粟，制造而得器，其须劳力，便不待言，而一切财产之权，皆循此例矣。

财产者，所以供吾人生活之资，而俾得尽力于公私之本务者也。而吾人之处置其财产，且由是而获赢利，皆得自由，是之谓财产权。财产权之确定与否，即国之文野所由分也。盖此权不立，则横敛暴夺之事，公行于社会，非特无以保秩序而进幸福，且足以阻人民勤勉之心，而社会终于堕落也。

财产权之规定，虽恃乎法律，而要非人人各守权限，不妄侵他人之所有，则亦无自而确立，此所以又有道德之制裁也。

人既得占有财产之权，则又有权以蓄积之而遗赠之，此自然之理也。蓄积财产，不特为己计，且为子孙计，此亦人情敦厚之一端也。苟无蓄积，则非特无以应意外之需，所关于己身及子孙者甚大，且使人人如此，则社会之事业，将不得有力者以举行之，而进步亦无望矣。遗赠之权，亦不过实行其占有之权。盖人以己之财产遗赠他人，无论其在生前，在死后，要不外乎处置财产之自由，而家产世袭之制，其理亦同。盖人苟不为子孙计，则其所经营积蓄者，及身而止，无事多求，而人顾毕生勤勉，丰取啬用，若不知止足者，无非为子孙计耳。使其所蓄不得遗之子孙，则又谁乐为勤俭者？此即遗财产之权之所由起，而其他散济戚友捐助社会之事，可以例推矣。

财产权之所由得，或以先占，或以劳力，或以他人之所遗赠，虽各不同，而要其权之不可侵则一也。是故我之财产，不愿为他人所侵，则他人之财产，我亦不得而侵之，此即对于财产之本务也。

关于财产之本务有四，一曰，关于他人财产直接之本务；二曰，关于贷借之本务；三曰，关于寄托之本务；四曰，关于市易之本务。

盗窃之不义，虽三尺童子亦知之，而法律且厉禁之矣。然以道德衡之，则非必有穿窬劫掠之迹，而后为盗窃也。以虚伪之术，诱取财物，其间或非法律所及问，而揆诸道德，其罪亦同于盗窃。又有貌为廉洁，而阴占厚利者，则较之盗窃之辈，迫于饥寒而为之者，其罪尤大矣。

人之所得，不必与其所需者，时时相应，于是有借贷之法，有无相通，洵人生之美事也。而有财之人，本无必应假贷之义务，故假贷于人而得其允诺，则不但有偿还之责任，而亦当感谢其恩意。且财者，生利之具，以财贷人，则并其贷借期内可生之利而让之，故不但有要求偿还之权，而又可以要求适当之酬报。而贷财于人者，既凭借所贷，而享若干之利益，则割其一部分以酬报于贷我者，亦当尽之本务也。唯利益之多寡，随时会而有赢缩，故要求酬报者，不能无限。世多有乘人困迫，而胁之以过当之息者，此则道德界之罪人矣。至于朋友亲戚，本有通财之义，有负债者，其于感激报酬，自不得不引为义务，而以财贷之者，要不宜计较锱铢，以流于利交之陋习也。

凡贷财于人者，于所约偿还之期，必不可以不守。也或有仅以偿还及报酬为负债者为本务，而不顾其期限者，此谬见也。例如学生假师友之书，期至不还，甚或转假于他人，则驯致不足以取信，而有书者且以贷借于人相戒，岂非人己两妨者耶？

受人之属而为之保守财物者，其当慎重，视己之财物为尤甚，苟非得其人之预约，及默许，则不得擅用之。自天灾时变非人力所能挽救外，苟有损害，皆保守者之责，必其所归者，一如其所授，而后保守之责为无忝。至于保守者之所费，与其当得之酬报，则亦物主当尽之本务也。

人类之进化，由于分职通功，而分职通功之所以行，及基本于市易。故市易者，大有造于社会者也。然使为市易者，于货物之精粗，价值之低昂，或任意居奇，或乘机作伪，以为是本非法律所规定也，而以商贾之道德绳之，则其事已谬。且目前虽占小利而顿失其他日之信用，则所失正多。西谚曰：正直者，上乘之策略。洵至言也。

人于财产，有直接之关系，自非服膺道义恪守本务之人，鲜不为其所诱惑，而不知不觉，躬犯非义之举。盗窃之罪，律有明文，而清议亦复綦严，犯者尚少。至于贷借寄托市易之属，往往有违信背义，以占取一时之利者，斯则今之社会，不可不更求进步者也。夫财物之当与人者，宜不待其求而与之，而不可取者，虽见赠亦不得受，一则所以重人之财产，而不敢侵；一则所以守己之本务，而无所歉。人人如是，则社会之福利，宁有量欤?

第四节　名誉

人类者，不徒有肉体之嗜欲也，而又有精神之嗜欲。是故饱暖也，富贵也，皆人之所欲也，苟所得仅此而已，则人又有所不足，是何也? 曰：无名誉。

豹死留皮，人死留名，言名誉之不朽也。人既有爱重名誉之心，则不但宝之于生前，而且欲传之于死后，此即人所以异于禽兽。而名誉之可贵，乃举人人生前所享之福利，而无足以尚之，是以古今忠孝节义之士，往往有杀身以成其名者，其价值之高为何如也。

夫社会之中，所以互重生命财产而不敢相侵者，何也? 曰：此他人正当之权利也。而名誉之所由得，或以天才，或以积瘁，其得之之难，过于财产，而人之所爱护也，或过于生命。苟有人焉，无端而毁损之，其与盗人财物、害人生命何异? 是以生命财产名誉三者，文明国之法律，皆严重保护之。唯名誉为无形者，法律之制裁，时或有所不及，而爱重保护之本务，乃不得不偏重于道德焉。

名誉之敌有二：曰谗诬；曰诽谤。二者，皆道德界之大罪也。

谗诬者，虚造事迹，以污蔑他人名誉之谓也。其可恶盖甚于盗窃，被盗者，失其财物而已；被谗诬者，或并其终身之权利而胥失之。流言一作，虽毫无根据，而妒贤嫉才之徒，率喧传之，举世靡然，将使公平挚实之人，亦为其所惑，而不暇详求，则其人遂为众恶之的，而无以自立于世界。古今有为之才，被谗诬之害，以至名败身死者，往往而有，可不畏乎？

诽谤者，乘他人言行之不检，而轻加以恶评者也。其害虽不如谗诬之甚，而其违公义也同。吾人既同此社会，利害苦乐，靡不相关，成人之美而救其过，人人所当勉也。见人之短，不以恳挚之意相为规劝，而徒讥评之以为快，又或乘人不幸之时，而以幸灾乐祸之态，归咎于其人，此皆君子所不为也。且如警察官吏，本以抉发隐恶为职，而其权亦有界限，若乃不在其职，而务讦人隐私，以为谈笑之资，其理何在？至于假托公益，而为诽谤，以逞其媢嫉之心者，其为悖戾，更不待言矣。

世之为谗诬诽谤者，不特施之于生者，而或且施之于死者，其情更为可恶。盖生者尚有辩白昭雪之能力，而死者则并此而无之也。原谗诬诽谤之所由起，或以嫉妒，或以猜疑，或以轻率。夫羡人盛名，吾奋而思齐焉可也，不此之务，而忌之毁之，损人而不利己，非大愚不出此。至于人心之不同如其面，因人一言一行，而辄推之于其心术，而又往往以不肖之心测之，是徒自表其心地之龌龊耳。其或本无成见，而嫉恶太严，遇有不协于心之事，辄以恶评加之，不知人事蕃变，非备悉其始末，灼见其情伪，而平心以判之，鲜或得当，不察而率断焉，因而过甚其词，则动多谬误，或由是而贻害于社会者，往往有之。且轻率之断定，又有由平日憎疾其人而起者。憎疾其人，而辄以恶意断定其行事，则虽名为断定，而实同于谗谤，其流毒尤甚。故吾人于论事之时，务周详审慎，以无蹈轻率之弊，而于所憎之人，尤不可不慎之又慎也。

夫人必有是非之心，且坐视邪曲之事，默而不言，亦或为人情所难堪，唯是有意讦发，或为过情之毁？则于意何居。古人称守口如瓶，其言虽未必当，而亦非无见。若乃奸宄之行，有害于社会，则又不能不尽力攻斥，以去社会之公敌，是亦吾人对于社会之本务，而不可与损人名誉之事，同年而语者也。

第五节　博爱及公益

博爱者，人生至高之道德，而与正义有正负之别者也。行正义者，能使人免于为恶；而导人以善，则非博爱者不能。

有人于此，不干国法，不悖公义，于人间生命财产名誉之本务，悉无所歉，可谓能行正义矣。然道有饿莩而不知恤，门有孤儿而不知救，遂得为善人乎？

博爱者，施而不望报，利物而不暇己谋者也。凡动物之中，能历久而绵其种者，率恃有同类相恤之天性。人为万物之灵，苟仅斤斤于施报之间，而不恤其类，不亦自丧其天性，而有愧于禽兽乎？

人之于人，不能无亲疏之别，而博爱之道，亦即以是为序。不爱其亲，安能爱人之亲；不爱其国人，安能爱异国之人，如曰有之，非矫则悖，智者所不信也。孟子曰："老吾老以及人之老，幼吾幼以及人之幼。"又曰："亲亲而仁民，仁民而爱物。"此博爱之道也。

人人有博爱之心，则观于其家，而父子亲，兄弟睦，夫妇和；观于其社会，无攘夺，无忿争，贫富不相蔑，贵贱不相凌，老幼废疾，皆有所养，蔼然有恩，秩然有序，熙熙暤暤，如登春台，岂非人类之幸福乎！

博爱者，以己所欲，施之于人。是故见人之疾病则拯之，见人之危难则救之，见人之困穷则补助之。何则？人苟自立于疾病危难困穷之境，则未有不望人之拯救之而补助之者也。

赤子临井，人未有见之而不动其恻隐之心者。人类相爱之天性，固如是也。见人之危难而不之救，必非人情。日汩于利己之计较，以养成凉薄之习，则或忍而为此耳。夫人苟不能挺身以赴人之急，则又安望其能殉社会、殉国家乎？华盛顿尝投身奔湍，以救濒死之孺子，其异日能牺牲其身，以为十三州之同胞，脱英国之轭，而建独立之国者，要亦由有此心耳。夫处死生一发之间，而能临机立断，固由其爱情之挚，而亦必有毅力以达之，此则有赖于平日涵养之功者也。

救人疾病，虽不必有挺身赴难之危险，而于传染之病，为之看护，则直与殉之以身无异，非有至高之道德心者，不能为之。苟其人之地位，与国家社会有重大之关系，又或有侍奉父母之责，而轻以身试，亦为非宜，此则所当衡其轻重者也。

济人以财，不必较其数之多寡，而其情至为可嘉，受之者尤不可不感佩之。盖损已所余以周人之不足，是诚能推己及人，而发于其友爱族类之本心者也。慈善之所以可贵，即在于此。若乃本无博爱之心，而徒仿一二慈善之迹，以博虚名，则所施虽多，而其价值，乃不如少许之出于至诚者。且其伪善沽名，适以害德，而受施之人，亦安能历久不忘耶？

博爱者之慈善，唯虑其力之不周，而人之感我与否，初非所计。即使人不感我，其是非固属于其人，而于我之行善，曾何伤焉？若乃怒人之忘德，而遽彻其慈善，是吾之慈善，专为市恩而设，岂博爱者之所为乎？唯受人之恩而忘之者，其为不德，尤易见耳。

博爱者，非徒曰吾行慈善而已。其所以行之者，亦不可以无法。盖爱人以德，当为图永久之福利，而非使逞快一时，若不审其相需之故，而漫焉施之，受者或随得随费，不知节制，则吾之所施，于人奚益？也固有习于荒怠之人，不务自立，而以仰给于人为得计，吾苟堕其术中，则适以助长其依赖心，而使永无自振之一日。爱之而适以害之，是不可不致意焉。

夫如是，则博爱之为美德，诚彰彰矣。然非扩而充之，以开世务，兴公益，则吾人对于社会之本务，犹不能无遗憾。何则？吾人处于社会，则与社会中之人人，皆有关系，而社会中人人与公益之关系，虽不必如疾病患难者待救之孔亟，而要其为相需则一也，吾但见疾病患难之待救，而不顾人人所需之公益，毋乃持其偏而忘其全，得其小而遗其大者乎？

夫人才力不同，职务尤异，合全社会之人，而求其立同一之功业，势必不能。然而随分应器，各图公益，则何不可有之。农工商贾，任利用厚生之务；学士大夫，存移风易俗之心，苟其有裨于社会，则其事虽殊，其效一也。人生有涯，局局身家之间，而于世无补，暨其没也，贫富智愚，同归于尽。唯夫建立功业，有裨于社会，则身没而功业不与之俱尽。始不为虚生人世，而一生所受于社会之福利，亦庶几无忝矣。所谓公益者，非必以目前之功利为准也。如文学美术，其成效常若无迹象之可寻，然所以拓国民之智识，而高尚其品性者，必由于是。是以天才英绝之士，宜超然功利以外，而一以发扬国华为志，不蹈前人陈迹，不拾外人糟粕，抒其性灵，以摩荡社会，如明星之粲于长夜、美花之映于座隅，则无形之中，社会实受其赐。有如一国富强，甲于天下，而其文艺学术，一无可以表见，则千载而后，谁复知其名者？而古昔既墟之国，以文学美术之力，垂名百世，迄今不朽者，往往而有，此岂可忽视者欤？

不唯此也，即社会至显之事，亦不宜安近功而忘远虑，常宜规模远大，以遗饷后人，否则社会之进步，不可得而期也。是故有为之士，所规画者，其事固或非一手一足之烈，而其利亦能历久而不渝，此则人生最大之博爱也。

量力捐财，以助公益，此人之所能为，而后世子孙，与享其利，较之饮食征逐之费，一啕而尽者，其价值何如乎？例如修河渠，缮堤防，筑港埠，开道路，拓荒芜，设医院，建学校皆是。而其中以建学校为最有益于社会之文明。又如私设图书馆，纵人观览，其效亦同。其他若设育婴堂、养老院等，亦为博爱事业之高尚者，社会文明之程度，即于此等公益之盛衰而测之矣。

图公益者，又有极宜注意之事，即慎勿以公益之名，兴无用之事是也。好事之流，往往为美名所眩，不审其利害何若，仓卒举事，动辄蹉跌，则又去而之他。若是者，不特自损，且足为利己者所借口，而以沮丧向善者之心，此不可不慎之于始者也。

又有借公益以沽名者，则其迹虽有时与实行公益者无异，而其心迥别，或且不免有倒行逆施之事。何则？其目的在名。则苟可以得名也，而他非所计，虽其事似益而实损，犹将为之。实行公益者则不然，其目的在公益。苟其有益于社会也，虽或受无识者之谤议，而亦不为之阻。此则两者心术之不同，而其成绩亦大相悬殊矣。

人既知公益之当兴，则社会公共之事物，不可不郑重而爱护之。凡人于公共之物，关系较疏，则有漫不经意者，损伤破毁，视为常事，此亦公德浅薄之一端也。夫人既知他人之财物不可以侵，而不悟社会公共之物，更为贵重者，何欤？且人既知毁人之物，无论大小，皆有赔偿之责，今公然毁损社会公共之物，而不任其赔偿者，何欤？如学堂诸生，每有抹壁唾地之事，而公共花卉，道路荫木，经行者或无端而攀折之，至于青年子弟，诣神庙佛寺，又或倒灯复瓮，自以为快，此皆无赖之事，而有悖于公德者也。欧美各国，人人崇重公共事物，习以为俗，损伤破毁之事，始不可见，公园椅榻之属，间以公共爱护之言，书于其背，此诚一种之美风，而我国人所当奉为圭臬者也。国民公德之程度，视其对于公共事物如何，一木一石之微，于社会利害，虽若无大关系，而足以表见国民公德之浅深，则其关系，亦不可谓小矣。

第六节　礼让及威仪

凡事皆有公理，而社会行习之间，必不能事事以公理绳之。苟一切绳之以理，而寸步不以让人，则不胜冲突之弊，而人人无幸福之可言矣。且人常不免为感情所左右，自非豁达大度之人，于他人之言行，不慊吾意，则辄引似是而非之理以纠弹之，冲突之弊，多起于此。于是乎有礼让以为之调合，而彼此之感情，始不至于冲突焉。

人之有礼让，其犹车辖之脂乎，能使人交际圆滑，在温情和气之间，以完其交际之本意。欲保维社会之平和，而增进其幸福，殆不可一日无者也。

礼者，因人之亲疏等差，而以保其秩序者也。其要在不伤彼我之感情，而互表其相爱相敬之诚，或有以是为虚文者，谬也。

礼之本始，由人人有互相爱敬之诚，而自发于容貌。盖人情本不相远，而其生活之状态，大略相同，则其感情之发乎外而为拜揖送迎之仪节，亦自不得不同，因袭既久，成为惯例，此自然之理也。故一国之礼，本于先民千百年之习惯，不宜辄以私意删改之。盖崇重一国之习惯，即所以崇重一国之秩序也。

夫礼，既本乎感情而发为仪节，则其仪节，必为感情之所发见，而后谓之礼。否则意所不属，而徒拘牵于形式之间，是刍狗耳。仪节愈繁，而心情愈鄙，自非徇浮华好谄谀之人，又孰能受而不斥者。故礼以爱敬为本。

爱敬之情，人类所同也，而其仪节，则随其社会中生活之状态，而不能无异同。近时国际公私之交，大扩于古昔，交际之仪节，有不可以拘墟者，故中流以上之人，于外国交际之礼，亦不可不致意焉。

让之为用，与礼略同。使人互不相让，则日常言论，即生意见，亲旧交际，动辄龃龉。故敬爱他人者，不务立异，不炫所长，务以成人之美。盖自异自炫，何益于己，徒足以取厌启争耳。虚心平气，好察迩言，取其善而不翘其过，此则谦让之美德，而交际之要道也。

排斥他人之思想与信仰，亦不让之一也。精神界之科学，尚非人智所能独断。人我所见不同，未必我果是而人果非，此文明国宪法，所以有思想自由、信仰自由之则也。苟当讨论学术之时，是非之间，不能异立，又或于履行实事之际，利害之点，所见相反，则诚不能不各以所见，互相驳诘，必得其是非之所在而后已。然亦宜平心以求学理事理之关系，而不得参以好胜立异之私意。至于日常交际，则他人言说虽与己意不合，何所容其攻诘，如其为之，亦徒彼此忿争，各无所得已耳。温良谦恭，薄责于人，此不可不注意者。至于宗教之信仰，自其人观之，一则为生活之标准，一则为道德之理想，吾人决不可以轻侮嘲弄之态，侵犯其自由也。由是观之，礼让者，皆所以持交际之秩序，而免其龃龉者也。然人固非特各人之交际而已，于社会全体，亦不可无仪节以相应，则所谓威仪也。

威仪者，对于社会之礼让也。人尝有于亲故之间，不失礼让，而对于社会，不免有粗野傲慢之失者，是亦不思故耳。同处一社会中，则其人虽有亲疏之别，而要必互有关系，苟人人自亲故以外，即复任意自肆，不顾取厌，则社会之爱力，为之减杀矣。有如垢衣被发，呼号道路，其人虽若自由，而使观之者不胜其厌忌，可谓之不得罪于社会乎？凡社会事物，各有其习惯之典例，虽违者无禁，犯者无罚，而使见而不快，闻而不慊，则其为损于人生之幸福者为何如耶！古人有言，满堂饮酒，有一人向隅而泣，则举座为之不欢，言感情之相应也。乃或于置酒高会之时，白眼加人，夜郎自大，甚或骂座掷杯，凌侮侪辈，则岂非蛮野之遗风，而不知礼让为何物欤。欧美诸国士夫，于宴会中，不谈政治，不说宗教，以其易启争端，妨人欢笑，此亦美风也。

凡人见邀赴会，必预审其性质如何，而务不失其相应之仪表。如会葬之际，谈笑自如，是为幸人之灾，无礼已甚，凡类此者，皆不可不致意也。

第四章

国家

第一节　总论

国也者，非徒有土地有人民之谓，谓以独立全能之主权，而统治其居于同一土地之人民者也。又谓之国家者，则以视一国如一家之故。是故国家者，吾人感觉中有形之名，而国家者，吾人理想中无形之名也。

国为一家之大者，国人犹家人也。于多数国人之中而有代表主权之元首，犹于若干家人之中而有代表其主权之家主也。家主有统治之权，以保护家人权利，而使之各尽其本务。国家亦然，元首率百官以统治人民，亦所以保护国民之权利，而使各尽其本务，以报效于国家也。使一家之人，不奉其家主之命，而弃其本务，则一家离散，而家族均被其祸。一国之民，各顾其私，而不知奉公，则一国扰乱，而人民亦不能安其堵焉。

凡有权利，则必有与之相当之义务。而有义务，则亦必有与之相当之权利，二者相因，不可偏废。我有行一事保一物之权利，则彼即有不得妨我一事夺我一物之义务，此国家与私人之所同也。是故国家既有保护人之义务，则必有可以行其义务之权利；而人民既有享受国家保护之权利，则其对于国家，必有当尽之义务，盖可知也。

人之权利，本无等差，以其大纲言之，如生活之权利，职业之权利，财产之权利，思想之权利，非人人所同有乎！我有此权利，而人或侵之，则我得而抵抗之，若不得已，则借国家之权力以防遏之，是谓人人所有之权利，而国家所宜引为义务者也。国家对于此事之权利，谓之公权，即国家所以成立之本。请详言之。

权漫无制限，则流弊甚大。如二人意见不合，不必相妨也，而或且以权利被侵为口实。由此例推，则使人人得滥用其自卫权，而不受公权之限制，则无谓之争阋，将日增一日矣。

于是乎有国家之公权，以代各人之自卫权，而人人不必自危，亦不得自肆，公平正直，各得其所焉。夫国家既有为人防卫之权利，则即有防卫众人之义务，义务愈大，则权利亦愈大。故曰：国家之所以成立者，权力也。

国家既以权力而成立，则欲安全其国家者，不可不巩固其国家之权力，而慎勿毁损之，此即人民对于国家之本务也。

第二节　法律

吾人对于国家之本务，以遵法律为第一义。何则？法律者，维持国家之大纲，吾人必由此而始能保有其权利者也。人之意志，恒不免为感情所动，为私欲所诱，以致有损人利己之举动。所以矫其偏私而纳诸中正，使人人得保其平等之权利者，法律也；无论公私之际，有以防强暴折奸邪，使不得不服从正义者，法律也；维持一国之独立，保全一国之利福者，亦法律也。是故国而无法律，或有之而国民不遵也，则盗贼横行，奸邪跋扈，国家之沦亡，可立而待。否则法律修明，国民恪遵而勿失，则社会之秩序，由之而不紊，人民之事业，由之而无扰，人人得尽其心力，以从事于职业，而安享其效果，是皆法律之赐；而要非国民恪遵法律，不足以致此也。顾世人知法律之当遵矣，而又谓法律不皆允当，不妨以意为从违，是徒启不遵法律之端者也。夫一国之法律，本不能悉中情理，或由议法之人，知识浅隘，或以政党之故，意见偏颇，亦有立法之初，适合社会情势，历久则社会之情势渐变，而法律如故，因不能无方凿圆枘之弊，此皆国家所不能免者也。既有此弊法，则政府固当速图改革，而人民亦得以其所见要求政府，使必改革而后已。唯其新法未定之期，则不能不暂据旧法，以维持目前之治安。何则？其法虽弊，尚胜于无法也，若无端抉而去之，则其弊可胜言乎？

法律之别颇多，而大别之为三，政法、刑法、民法是也。政法者，所以规定政府之体裁，及政府与人民之关系者也。刑法者，所以预防政府及人民权利之障害，及罚其违犯者也。民法者，所以规定人民与人民之关系，防将来之争端，而又判临时之曲直者也。

官吏者，据法治事之人。国民既遵法律，则务勿挠执法者之权而且敬之。非敬其人，敬执法之权也。且法律者，国家之法律，官吏执法，有代表国家之任，吾人又以爱重国家之故而敬官吏也。官吏非有学术才能者不能任。学士能人，人知敬之，而官吏独不足敬乎？

官吏之长，是为元首。立宪之国，或戴君主，或举总统，而要其为官吏之长一也，既知官吏之当敬，而国民之当敬元首，无待烦言，此亦尊重法律之意也。

第三节　租税

家无财产，则不能保护其子女，唯国亦然。苟无财产，亦不能保护其人民。盖国家内备奸宄，外御敌国，不能不有水陆军，及其应用之舰垒器械及粮饷；国家执行法律，不能不有法院监狱；国家图全国人民之幸福，不能不修道路，开沟渠，设灯台，启公囿，立学堂，建医院，及经营一切公益之事。凡此诸事，无不有任事之人。而任事者不能不给以禄俸。然则国家应出之经费，其浩大可想也，而担任此费者，厥维享有国家各种利益之人民，此人民所以有纳租税之义务也。

人民之当纳租税，人人知之，而间有苟求幸免者，营业则匿其岁入，不以实报，运货则绕越关津，希图漏税，其他舞弊营私，大率类此。是上则亏损国家，而自荒其义务；下则卸其责任之一部，以分担于他人。故以国民之本务绳之，谓之无爱国心，而以私人之道德绳之，亦不免于欺罔之罪矣。

第四节　兵役

国家者，非一人之国家，全国人民所集合而成者也。国家有庆，全国之人共享之，则国家有急，全国之人亦必与救之。国家之有兵役，所以备不虞之急者也。是以国民之当服兵役，与纳租税同，非迫于法律不得已而为之，实国民之义务，不能自已者也。

国之有兵，犹家之有阍人焉。其有城堡战堡也，犹家之有门墙焉。家无门墙，无阍人，则盗贼接踵，家人不得高枕无忧。国而无城堡战舰，无守兵，则外侮四逼，国民亦何以聊生耶？且方今之世，交通利便，吾国之人，工商于海外者，实繁有徒，自非祖国海军，游弋重洋，则夫远游数万里外，与五方杂处之民，角什一之利者，亦安能不受凌侮哉？国家之兵力，所关于互市之利者，亦非鲜矣。

国家兵力之关系如此，亦夫人而知之矣。然人情畏劳而恶死，一旦别父母，弃妻子，舍其本业而从事于垒舰之中，平日起居服食，一为军纪所束缚，而不得自由，即有事变，则挺身弹刃之中，争死生于一瞬，故往往有却顾而不前者。不知全国之人，苟人人以服兵役为畏途，则转瞬国亡家破，求幸生而卒不可得。如人人委身于兵役，则不必果以战死，而国家强盛，人民全被其赐，此不待智者而可决，而人民又乌得不以服兵役为义务欤？

方今世界，各国无不以扩张军备为第一义，虽有万国公法以为列国交际之准，又屡开万国平和会于海牙，若各以启衅为戒者，而实则包藏祸心，恒思蹈瑕抵隙，以求一逞，名为平和，而实则乱世，一旦猝遇事变，如飓风忽作，波涛汹涌，其势有不可测者。然则有国家者，安得不预为之所耶？

第五节　教育

为父母者，以体育、德育、智育种种之法，教育其子女，有二因焉：一则使之壮而自立，无坠其先业；一则使之贤而有才，效用于国家。前者为寻常父母之本务，后者则对于国家之本务也。诚使教子女者，能使其体魄足以堪劳苦，勤职业，其知识足以判事理，其技能足以资生活，其德行足以为国家之良民，则非特善为其子女，而且对于国家，亦无歉于义务矣。夫人类循自然之理法，相集合而为社会，为国家，自非智德齐等，殆不足以相生相养，而保其生命，享其福利。然则有子女者，乌得怠其本务欤？

一国之中，人民之贤愚勤惰，与其国运有至大之关系。故欲保持其国运者，不可不以国民教育，施于其子弟，苟或以姑息为爱，养成放纵之习；即不然，而仅以利己主义教育之，则皆不免贻国家以泮涣之戚，而全国之人，亦受其弊，其子弟亦乌能幸免乎？盖各国风俗习惯历史政制，各不相同，则教育之法，不得不异。所谓国民教育者，原本祖国体制，又审察国民固有之性质，而参互以制定之。其制定之权，即在国家，所以免教育主义之冲突，而造就全国人民，使皆有国民之资格者也。是以专门之教育，虽不妨人人各从其所好，而普通教育，则不可不以国民教育为准，有子女者慎之。

第六节　爱国

爱国心者，起于人民与国土之感情，犹家人之爱其居室田产也。开国之民，逐水草而徙，无定居之地，则无所谓爱国。及其土著也，画封疆，辟草莱，耕耘建筑，尽瘁于斯，而后有爱恋土地之心，是谓爱国之滥觞。至于土地渐廓，有城郭焉，有都邑焉，有政府而执事焉。自其法律典例之成立，风俗习惯之沿革，与夫语言文章之应用，皆画然自成为一国，而又与他国相交涉，于是乎爱国之心，始为人民之义务矣。

人民爱国心之消长，为国运之消长所关。有国于此，其所以组织国家之具，虽莫不备，而国民之爱国心，独无以副之，则一国之元气，不可得而振兴也。彼其国土同，民族同，言语同，习惯同，风俗同，非不足以使人民有休戚相关之感情，而且政府同，法律同，文献传说同，亦非不足以使人民有协同从事之兴会，然苟非有爱国心以为之中坚，则其民可与共安乐，而不可与共患难。事变猝起，不能保其之死而靡他也。故爱国之心，实为一国之命脉，有之，则一切国家之原质，皆可以陶冶于其炉锤之中；无之，则其余皆骈枝也。

爱国之心，虽人人所固有，而因其性质之不同，不能无强弱多寡之差，既已视为义务，则人人以此自勉，而后能以其爱情实现于行事，且亦能一致其趣向，而无所参差也。

人民之爱国心，恒随国运为盛衰。大抵一国当将盛之时，若垂亡之时，或际会大事之时，则国民之爱国心，恒较为发达。国之将兴也，人人自奋，思以其国力冠绝世界，其勇往之气，如日方升。昔罗马暴盛之时，名将辈出，士卒致死，因而并吞四邻，其已事也。国之将衰也，或其际会大事也，人人惧祖国之沦亡，激励忠义，挺身赴难，以挽狂澜于既倒，其悲壮沉痛亦有足伟者，如亚尔那温克特里之于瑞士，哥修士孤之于波兰是也。

由是观之，爱国心者，本起于人民与国土相关之感情，而又为组织国家最要之原质，足以挽将衰之国运，而使之隆盛，实国民最大之义务，而不可不三致意者焉。

第七节　国际及人类

大地之上，独立之国，凡数十。彼我之间，聘问往来，亦自有当尽之本务。此虽外交当局者之任，而为国民者，亦不可不通知其大体也。

以道德言之，一国犹一人也，唯大小不同耳。国有主权，犹人之有心性。其有法律，犹人之有意志也。其维安宁，求福利，保有财产名誉，亦犹人权之不可侵焉。

国家既有不可侵之权利，则各国互相爱重，而莫或相侵，此为国际之本务。或其一国之权利，为他国所侵，则得而抗拒之，亦犹私人之有正当防卫之权焉。唯其施行之术，与私人不同。私人之自卫，特在法律不及保护之时，苟非迫不及待，则不可不待正于国权。国家则不然，各国并峙，未尝有最高之公权以控制之，虽有万国公法，而亦无强迫执行之力。故一国之权利，苟被侵害，则自卫之外，别无他策，而所以实行自卫之道者，战而已矣。

战之理，虽起于正当自卫之权，而其权不受控制，国家得自由发敛之，故常为野心者之所滥用。大凌小，强侮弱，虽以今日盛唱国际道德之时，犹不能免。唯列国各尽其防卫之术，处攻势者，未必有十全之胜算，则苟非必不得已之时，亦皆惮于先发。于是国际龃龉之端，间亦恃万国公法之成文以公断之，而得免于战祸焉。

然使两国之争端，不能取平于樽俎之间，则不得不以战役决之。开战以后，苟有可以求胜者，皆将无所忌而为之，必屈敌人而后已。唯敌人既屈，则目的已达，而战役亦于是毕焉。

开战之时，于敌国兵士，或杀伤之，或俘囚之，以杀其战斗力，本为战国应有之权利，唯其妇孺及平民之不携兵器者。既不与战役，即不得加以戮辱。敌国之城郭堡垒，固不免于破坏，而其他工程之无关战役者，亦不得妄有毁损。或占而有之，以为他日赔偿之保证，则可也。其在海战，可以捕敌国船舰，而其权唯属国家，若纵兵掳掠，则与盗贼奚择焉？

在昔人文未开之时，战胜者往往焚敌国都市，掠其金帛子女。是谓借战胜之余威，以逞私欲，其戾于国际之道德甚矣。近世公法渐明，则战胜者之权利，亦已渐有范围，而不至复如昔日之横暴，则亦道德进步之一征也。

国家者，积人而成，使人人实践道德，而无或悖焉，则国家亦必无非理悖德之举可知也。方今国际道德，虽较进于往昔，而野蛮之遗风，时或不免，是亦由人类道德之未尽善，而不可不更求进步者也。

人类之聚处，虽区别为各家族、各社会、各国家，而离其各种区别之界限而言之，则彼此同为人类，故无论家族有亲疏、社会有差等，国家有与国、敌国之不同，而既已同为人类，则又自有其互相待遇之本务可知也。

人类相待之本务如何？曰：无有害于人类全体之幸福，助其进步，使人我同享其利而已。夫笃于家族者，或不免漠然于社会，然而社会之本务，初不与家族之本务相妨。忠于社会者，或不免不经意于国家，然而国家之本务，乃适与社会之本务相成。然则爱国之士，屏斥世界主义者，其未知人类相待之本务，固未尝与国家之本务相冲突也。

譬如两国开战，以互相杀伤为务者也。然而有红十字会者，不问其伤者为何国之人，悉噢咻而抚循之，初未尝与国家主义有背也。夫两国开战之时，人类相待之本务，尚不以是而间断，则平日盖可知矣。

第五章

职业

第一节 总论

凡人不可以无职业，何则？无职业者，不足以自存也。人虽有先人遗产，苟优游度日，不讲所以保守维持之道，则亦不免于丧失者。且世变无常，千金之子，骤失其凭借者，所在多有，非素有职业，亦奚以免于冻馁乎？

有人于此，无材无艺，袭父祖之遗财，而安于怠废，以道德言之，谓之游民。游民者，社会之公敌也。不唯此也，人之身体精神，不用之，则不特无由畅发，而且日即于耗废，过逸之弊，足以戕其天年。为财产而自累，愚亦甚矣。既有此资财，则奚不利用之，以讲求学术，或捐助国家，或兴举公益，或旅行远近之地，或为人任奔走周旋之劳，凡此皆所以益人裨世，而又可以自练其身体及精神，以增进其智德；较之饱食终日，以多财自累者，其利害得失，不可同日而语矣。夫富者，为社会所不可少，即货殖之道，亦不失为一种之职业，但能善理其财，而又能善用之以有裨于社会，则又孰能以无职业之人目之耶？

人不可无职业，而职业又不可无选择。盖人之性质，于素所不喜之事，虽勉强从事，辄不免事倍而功半；从其所好，则劳而不倦，往往极其造诣之精，而渐有所阐明。故选择职业，必任各人之自由，而不可以他人干涉之。

自择职业，亦不可以不慎，盖人之于职业，不唯其趣向之合否而已，又于其各种凭借之资，大有关系。尝有才识不出中庸，而终身自得其乐；或抱奇才异能，而以坎坷不遇终者；甚或意匠惨淡，发明器械，而绌于资财，赍志以没。世界盖尝有多许之奈端，瓦特其人，而成功如奈端、瓦特者卒鲜，良可慨也。是以自择职业者，慎勿轻率妄断，必详审职业之性质，与其义务，果与己之能力及境遇相当否乎，即不能辄决，则参稽于老成练达之人，其亦可也。

凡一职业中，莫不有特享荣誉之人，盖职业无所谓高下，而荣誉之得否，仍关乎其人也。其人而贤，则虽屠钓之业，亦未尝不可以显名，唯择其所宜而已矣。

承平之世，子弟袭父兄之业，至为利便，何则？幼而狎之，长而习之，耳濡目染，其理论方法，半已领会于无意之中也。且人之性情，有所谓遗传者。自高、曾以来，历代研究，其官能每有特别发达之点，而器械图书，亦复积久益备，然则父子相承，较之崛起而立业，其难易迟速，不可同年而语。我国古昔，如历算医药之学，率为世业，而近世音律图画之技，亦多此例，其明征也。唯人之性质，不易揆以一例，重以外界各种之关系，亦非无龃龉于世业者，此则不妨别审所宜，而未可以胶柱而鼓瑟者也。

自昔区别职业，士、农、工、商四者，不免失之太简，泰西学者，以计学之理区别之者，则又人自为说，今核之于道德，则不必问其业务之异同，而第以义务如何为标准，如劳心、劳力之分，其一例也。而以人类生计之关系言之，则可大别为二类：一出其资本以营业，而借劳力于人者；一出其能力以任事，而受酬报于人者。甲为佣者，乙为被佣者，二者义务各异，今先概论之，而后及专门职业之义务焉。

第二节　佣者及被佣者

佣者以正当之资本，若智力，对于被佣者，而命以事务给以佣值者也，其本务如下：

凡给于被佣者之值，宜视普通工值之率而稍丰赡之，第不可以同盟罢工，或他种迫胁之故而骤丰其值。若平日无先见之明，过啬其值，一遇事变，即不能固持，而悉如被佣者之所要求，则鲜有不出入悬殊，而自败其业者。

佣者之于被佣者，不能谓值之外，别无本务，盖尚有保护爱抚之责。虽被佣者未尝要求及此，而佣者要不可以不自尽也。如被佣者当劳作之时，猝有疾病事故，务宜用意周恤。其他若教育子女，保全财产，激励贮蓄之法，亦宜代为谋之。唯当行以诚恳恻怛之意，而不可过于干涉，盖干涉太过，则被佣者不免自放其责任，而失其品格也。

佣者之役使被拥者，其时刻及程度，皆当有制限，而不可失之过酷，其在妇稚，尤宜善视之。

凡被佣者，大抵以贫困故，受教育较浅，故往往少远虑，而不以贮蓄为意，业繁而值裕，则滥费无节；业耗而佣俭，则口腹不给矣。故佣者宜审其情形，为设立保险公司，贮蓄银行，或其他慈善事业，为割其佣值之一部以充之，俾得备不时之需。如见有博弈饮酒，耽逸乐而害身体者，宜恳切劝谕之。

凡被佣者之本务，适与佣者之本务相对待。

被佣者之于佣者，宜挚实勤勉，不可存嫉妒猜疑之心，盖彼以有资本之故，而购吾劳力，吾能以操作之故，而取彼资财，此亦社会分业之通例，而自有两利之道者也。

被佣者之操作，不特为对于佣者之义务，而亦为自己之利益。盖怠惰放佚，不唯不利于佣者，而于己亦何利焉？故挚实勤勉，实为被佣者至切之本务也。

休假之日，自有乐事，然亦宜择其无损者。如沉湎放荡，务宜戒之。若能乘此暇日，为亲戚朋友协助有益之事，则尤善矣。

凡人之职业，本无高下贵贱之别。高下贵贱，在人之品格，而于职业无关也。被佣者苟能以暇日研究学理，寻览报章杂志之属，以通晓时事，或听丝竹，观图画，植花木，以优美其胸襟，又何患品格之不高尚耶？

佣值之多寡，恒视其制作品之售价以为准。自被佣者观之，自必多多益善，然亦不能不准之于定率者。若要求过多，甚至纠结朋党，挟众力以胁主人，则亦谬矣。

有欲定画一之佣值者，有欲专以时间之长短，为佣值多寡之准者，是亦谬见也。盖被佣者，技能有高下，操作有勤惰，责任有重轻，其佣值本不可以齐等，要在以劳力与报酬，相为比例，否则适足以劝惰慢耳。唯被佣者，或以疾病事故，不能执役，而佣者仍给以平日之值，与他佣同，此则特别之惠，而未可视为常例者也。

孟子有言，无恒产者无恒心。此实被佣者之通病也。唯无恒心，故动辄被人指嗾，而为疏忽暴戾之举，其思想本不免偏于同业利益，而忘他人之休戚，又常以滥费无节之故，而流于困乏，则一旦纷起，虽同业之利益，亦有所不顾矣，此皆无恒心之咎，而其因半由于无恒产，故为被佣者图久长之计，非平日积恒产而养恒心不可也。

农夫最重地产，故安土重迁，而能致意于乡党之利害，其挚实过于工人。唯其有恒产，是以有恒心也。顾其见闻不出乡党之外，而风俗习惯，又以保守先例为主，往往知有物质，而不知有精神，谋衣食，长子孙，囿于目前之小利，而不遑远虑。即子女教育，亦多不经意，更何有于社会公益、国家大计耶？故启发农民，在使知教育之要，与夫各种社会互相维系之道也。

我国社会间，贫富悬隔之度，尚不至如欧美各国之甚，故均富主义，尚无蔓延之虑。然世运日开，智愚贫富之差，亦随而日异，智者富者日益富，愚者贫者日益穷，其究也，必不免于悬隔，而彼此之冲突起矣。及今日而预杜其弊，唯在教育农工，增进其智识，使不至永居人下而已。

第三节　官吏

佣者及被佣者之关系，为普通职业之所同。今更将专门职业，举其尤重要者论之。

官吏者，执行法律者也。其当具普通之智识，而熟于法律之条文，所不待言，其于职务上所专司之法律；尤当通其原理，庶足以应蕃变之事务，而无失机宜也。

为官吏者，既具职务上应用之学识，而其才又足以济之，宜可称其职矣。而事或不举，则不勤不精之咎也。夫职务过繁，未尝无日不暇给之苦，然使日力有余，而怠惰以旷其职，则安得不任其咎？其或貌为勤劬，而治事不循条理，则顾此失彼，亦且劳而无功。故勤与精，实官吏之义务也。世界各种职业，虽半为自图生计，而既任其职，则即有对于委任者之义务。况官吏之职，受之国家，其义务之重，有甚于工场商肆者。其职务虽亦有大小轻重之别，而其对于公众之责任则同。夫安得漫不经意，而以不勤不精者当之耶？

勤也精也，皆所以有为也。然或有为而无守，则亦不足以任官吏。官吏之操守，所最重者：曰毋黩货，曰勿徇私。官吏各有常俸，在文明之国，所定月俸，足以给其家庭交际之费而有余，苟其贪黩无厌，或欲有以供无谓之糜费，而于应得俸给以外，或征求贿赂，或侵蚀公款，则即为公家之罪人，虽任事有功，亦无以自盖其愆矣。至于理财征税之官，尤以此为第一义也。

官吏之职，公众之职也，官吏当任事之时，宜弃置其私人之资格，而纯以职务上之资格自处。故用人行政，悉不得参以私心，夫征辟僚属，诚不能不取资于所识，然所谓所识者，乃识其才之可以胜任，而非交契之谓也。若不问其才，而唯以平日关系之疏密为断，则必致偾事。又或以所治之事，与其戚族朋友有利害之关系，因而上下其手者，是皆徇私废公之举，官吏宜悬为厉禁者也。

官吏之职务，如此重要，而司法官之关系则尤大。何也？国家之法律，关于人与人之争讼者，曰民事法；关于生命财产之罪之刑罚者，曰刑事法。而本此法律以为裁判者，司法官也。

凡职业各有其专门之知识，为任此职业者所不可少，而其中如医生之于生理学，舟师之于航海术，司法官之于法律学，则较之他种职业，义务尤重，以其关于人间生命之权利也。使司法官不审法律精意，而妄断曲直，则贻害于人间之生命权至大，故任此者，既当有预蓄之知识；而任职以后，亦当以暇日孜孜讲求之。

司法官介立两造间，当公平中正，勿徇私情，勿避权贵，盖法庭之上，本无贵贱上下之别也。若乃妄纳赇赃，颠倒是非，则其罪尤大，不待言矣。

宽严得中，亦司法者之要务，凡刑事裁判，苟非纠纷错杂之案，按律拟罪，殆若不难，然宽严之际，差以毫厘，谬以千里，亦不可以不慎。至于民事裁判，尤易以意为出入，慎勿轻心更易之。

大抵司法官之失职，不尽在学识之不足，而恒失之于轻忽，如集证不完，轻下断语者是也。又或证据尽得，而思想不足以澈之，则狡妄之供词，舞文之辩护，伪造之凭证，皆足以眩惑其心，而使之颠倒其曲直。故任此者，不特预储学识之为要，而尤当养其清明之心力也。

第四节　医生

医者，关于人间生死之职业也，其需专门之知识，视他职业为重。苟其于生理解剖，疾病症候，药物性效，研究未精，而动辄为人为诊治，是何异于挟刃而杀人耶？

医生对于病者，有守秘密之义务。盖病之种类，亦或有惮人知之者，医生若无端滥语于人，既足伤病者之感情，且使后来病者，不敢以秘事相告，亦足以为诊治之妨碍也。

医生当有冒险之性质，如传染病之类，虽在己亦有危及生命之虞，然不能避而不往，至于外科手术，尤非以沉勇果断者行之不可也。

医生之于病者，尤宜恳切，技术虽精，而不恳切，则不能有十全之功。盖医生不得病者之信用，则医药之力，已失其半，而治精神病者，尤以信用为根据也。

医生当规定病者饮食起居之节度，而使之恪守，若纵其自肆，是适以减杀医药之力也。故医生当勿欺病者，而务有以鼓励之，如其病势危笃，则尤不可不使自知之而自慎之也。

无论何种职业，皆当以康强之身体任之，而医生为尤甚。遇有危急之病，祁寒盛暑，微夜侵晨，亦皆有所不避。故务强健其身体，始有以赴人之急，而无所濡滞。如其不能，则不如不任其职也。

第五节　教员

教员所授，有专门学、普通学之别，皆不可无相当之学识。而普通学教员，于教授学科以外，训练管理之术，尤重要焉。不知教育之学，管理之法，而妄任小学教员，则学生之身心，受其戕贼，而他日必贻害于社会及国家，其罪盖甚于庸医之杀人。愿任教员者，不可不自量焉。

教员者，启学生之知识者也。使教员之知识，本不丰富，则不特讲授之际，不能详密，而学生偶有质问，不免穷于置对，启学生轻视教员之心，而教授之效，为之大减。故为教员者，于其所任之教科，必详博综贯，肆应不穷，而后能胜其任也。

知识富矣，而不谙教授管理之术，则犹之匣剑帷灯，不能展其长也。盖授知识于学生者，非若水之于盂，可以挹而注之，必导其领会之机，挈其研究之力，而后能与之俱化，此非精于教授法者不能也。学生有勤惰静躁之别，策其惰者，抑其躁者，使人人皆专意向学，而无互相扰乱之虑，又非精于管理法者不能也。故教员又不可不知教授管理之法。

教员者，学生之模范也。故教员宜实行道德，以其身为学生之律度，如卫生宜谨，束身宜严，执事宜敏，断曲直宜公，接人宜和，惩忿而窒欲，去鄙倍而远暴慢，则学生日熏其德，其收效胜于口舌倍蓰矣。

第六节 商贾

商贾亦有佣者与被佣者之别。主人为佣者，而执事者为被佣者。被佣者之本务，与农工略同。而商业主人，则与农工业之佣者有异。盖彼不徒有对于被佣者之关系，而又有其职业中之责任也。农家产物之美恶，自有市价，美者价昂，恶者价绌，无自而取巧。工业亦然，其所制作，有精粗之别，则价值亦缘之而为差，是皆无关于道德者也。唯商家之货物，及其贸易之法，则不能不以道德绳之，请言其略。

正直为百行之本，而于商家为尤甚。如货物之与标本，理宜一致，乃或优劣悬殊，甚且性质全异，乘购者一时之不检，而矫饰以欺之，是则道德界之罪人也。

且商贾作伪，不特悖于道德而已，抑亦不审利害，盖目前虽可攫锱铢之利，而信用一失，其因此而受损者无穷。如英人以商业为立国之本，坐握宇内商权，虽由其勇于赴利，敏于乘机，具商界特宜之性质，而要其恪守商业道德，有高尚之风，少鄙劣之情，实为得世界信用之基本焉。盖英国商人之正直，习以成俗，虽宗教亦与有力，而要亦阅历所得，知非正直必不足以自立，故深信而笃守之也。索士比亚有言："正直者，上乘之策略。"岂不然乎？

下篇

第一章

绪论

人生当尽之本务，既于上篇分别言之，是皆属于实践伦理学之范围者也。今进而推言其本务所由起之理，则为理论之伦理学。

理论伦理学之于实践伦理学，犹生理学之于卫生学也。本生理学之原则而应用之，以图身体之健康，乃有卫生学；本理论伦理学所阐明之原理而应用之，以为行事之轨范，乃有实践伦理学。世亦有应用之学，当名之为术者，循其例，则唯理论之伦理学，始可以占伦理之名也。

理论伦理学之性质，与理化博物等自然科学，颇有同异，以其人心之成迹或现象为对象，而阐明其因果关系之理，与自然科学同。其阐定标准，而据以评判各人之行事，畀以善恶是非之名，则非自然科学之所具矣。

原理论伦理学之所由起，以人之行为，常不免有种种之疑问，而按据学理以答之，其大纲如下：

问：凡人无不有本务之观念，如所谓某事当为者，是何由而起欤？

答：人之有本务之观念也，由其有良心。

问：良心者，能命人以某事当为，某事不当为者欤？

答：良心者，命人以当为善而不当为恶。

问：何为善，何为恶？

答：合于人之行为之理想，而近于人生之鹄者为善，否则为恶。

问：何谓人之行为之理想？何谓人生之鹄？

答：自发展其人格，而使全社会随之以发展者；人生之鹄也，即人之行为之理想也。

问：然则准理想而定行为之善恶者谁与？

答：良心也。

问：人之行为，必以责任随之，何故？

答：以其意志之自由也。盖人之意志作用，无论何种方向，固可以自由者也。

问：良心之所命，或从之，或悖之，其结果如何？

答：从良心之命者，良心赞美之；悖其命者，良心呵责之。

问：伦理之极致如何？

答：从良心之命，以实现理想而已。

伦理学之纲领，不外此等问题，当分别说之于后。

第二章

良心论

第一节　行为

良心者，不特告人以善恶之别，且迫人以避恶而就善者也。行一善也，良心为之大快；行一不善也，则良心之呵责随之，盖其作用之见于行为者如此。故欲明良心，不可不先论行为。

世固有以人生动作一切谓之行为者，而伦理学之所谓行为，则其义颇有限制，即以意志作用为原质者也。苟不本于意志之作用，谓之动作，而不谓之行为，如呼吸之属是也。而其他特别动作，苟或缘于生理之变常，无意识而为之，或迫于强权者之命令，不得已而为之。凡失其意志自由选择之权者，皆不足谓之行为也。

是故行为之原质，不在外现之举动，而在其意志。意志之作用既起，则虽其动作未现于外，而未尝不可以谓之行为，盖定之以因，而非定之以果也。

法律之中，有论果而不求因者，如无意识之罪戾，不免处罚，而虽有恶意，苟未实行，则法吏不能过问是也。而道德则不然，有人于此，决意欲杀一人，其后阻于他故，卒不果杀。以法律绳之，不得谓之有罪，而绳以道德，则已与曾杀人者无异，是知道德之于法律，较有直内之性质，而其范围亦较广矣。

第二节　动机

行为之原质，既为意志作用，然则此意志作用，何由而起乎？曰：起于有所欲望。此欲望者，或为事物所惑，或为境遇所驱，各各不同，要必先有欲望，而意志之作用乃起。故欲望者，意志之所缘以动者也，因名之曰动机。

凡人欲得一物，欲行一事，则有其所欲之事物之观念，是即所谓动机也。意志为此观念所动，而决行之，乃始能见于行为，如学生闭户自精，久而厌倦，则散策野外以振之，散策之观念，是为动机。意志为其所动，而决意一行，已而携杖出门，则意志实现而为行为矣。

夫行为之原质，既为意志作用，而意志作用，又起于动机，则动机也者，诚行为中至要之原质欤。

动机为行为中至要之原质，故行为之善恶，多判于此。而或专以此为判决善恶之对象，则犹未备。何则？凡人之行为，其结果苟在意料之外，诚可以不任其责。否则其结果之利害，既可预料。则行之者，虽非其欲望之所指，而其咎亦不能辞也。有人于此，恶其友之放荡无行，而欲有以劝阻之，此其动机之善者也，然或谏之不从，怒而殴之，以伤其友，此必非欲望之所在，然殴人必伤，既为彼之所能逆料，则不得因其动机之无恶，而并宽其殴人之罪也。是为判决善恶之准，则当于后章详言之。

第三节　良心之体用

人心之作用，蕃变无方，而得括之以智、情、意三者。然则良心之作用，将何属乎？在昔学者，或以良心为智、情、意三者以外特别之作用，其说固不可通。有专属之于智者，有专属之于情者，有专属之于意者，亦皆一偏之见也。以余观之，良心者，该智、情、意而有之，而不囿于一者也。凡人欲行一事，必先判决，其是非，此良心作用之属于智者也，既判其是非矣，而后有当行不当行之决定，是良心作用之属于意者也。于其未行之先，善者爱之，否者恶之，既行之后，则乐之，否则悔之，此良心作用之属于情者也。

由是观之，良心作用，不外乎智、情、意三者之范围明矣。然使因此而谓智、情、意三者，无论何时何地，必有良心作用存焉，则亦不然。盖必其事有善恶可判者。求其行为所由始，而始有良心作用之可言也。故伦理学之所谓行为，本指其特别者，而非包含一切之行为。因而意志及动机，凡为行为之原质者，亦不能悉纳诸伦理之范围。唯其意志、动机之属，既已为伦理学之问题者，则其中不能不有良心作用，固可知矣。

良心者，不特发于己之行为，又有因他人之行为而起者，如见人行善，而有亲爱尊敬赞美之作用；见人行恶，而有憎恶轻侮非斥之作用是也。

良心有无上之权力，以管辖吾人之感情。吾人于善且正者，常觉其不可不为，于恶且邪者，常觉其不可为。良心之命令，常若迫我以不能不从者，是则良心之特色，而为其他意识之所无者也。

良心既与人以行为、不行为之命令，则吾人于一行为，其善恶邪正在疑似之间者，决之良心可矣。然人苟知识未充，或情欲太盛，则良心之力，每为妄念所阻。盖常有行事之际，良心与妄念交战于中，或终为妄念所胜者，其或邪恶之行为，已成习惯，则非痛除妄念，其良心之力，且无自而伸焉。

幼稚之年，良心之作用，未尽发达，每不知何者为恶，而率尔行之，如残虐虫鸟之属是也。而世之成人，亦或以政治若宗教之关系，而持其偏见，恣其非行者。毋亦良心作用未尽发达之故欤？

良心虽人所同具，而以教育经验有浅深之别，故良心发达之程度，不能不随之而异，且亦因人性质而有厚薄之别。又竟有不具良心之作用，如肢体之生而残废者，其人既无领会道德之力，则虽有合于道德之行为，亦仅能谓之偶合而已。

以教育经验，发达其良心，青年所宜致意。然于智、情、意三者，不可有所偏重，而舍其余，使有好善恶恶之情，而无识别善恶之智力，则无意之中，恒不免自纳于邪。况文化日开，人事日繁，识别善恶，亦因而愈难，故智力不可不养也。有识别善恶之智力矣，而或弱于遂善避恶之意志，则与不能识别者何异？世非无富于经验之士，指目善恶，若烛照数计，而违悖道德之行，卒不能免，则意志薄弱之故也。故智、情、意三者，不可以不并养焉。

第四节　良心之起源

人之有良心也，何由而得之乎？或曰：天赋之；或曰：生而固有之；或曰：由经验而得之。

天赋之说，最为茫然而不可信，其后二说，则仅见其一方面者也：盖人之初生，本具有可以为良心之能力，然非有种种经验，以涵养而扩充之，则其作用亦无自而发现，如植物之种子然。其所具胚胎，固有可以发育之能力，然非得日光水气之助，则无自而萌芽也，故论良心之本原者，当合固有及经验之两说，而其义始完。

人所以固有良心之故，则昔贤进化论，尝详言之。盖一切生物，皆不能免于物竞天择之历史，而人类固在其中。竞争之效，使其身体之结构，精神之作用，宜者日益发达，而不宜者日趋于消灭，此进化之定例也。人之生也，不能孤立而自存，必与其他多数之人，相集合而为社会，为国家，而后能相生相养。夫既以相生相养为的，则其于一群之中，自相侵凌者，必被淘汰于物竞之界，而其种族之能留遗以至今者，皆其能互相爱护故也：此互相爱护之情曰同情。同情者，良心作用之端绪也，由此端绪，而本遗传之理，祖孙相承，次第进化，遂为人类不灭之性质，其所由来也久矣。

第三章

理想论

第一节 总论

权然后知轻重，度然后知长短，凡两相比较者，皆不可无标准。今欲即人之行为，而比较其善恶，将以何者为标准乎？曰：至善而已；理想而已；人生之鹄而已。三者其名虽异，而核之于伦理学，则其义实同。何则？实现理想，而进化不已，即所以近于至善，而以达人生之鹄也。

持理想之标准，而判断行为之善恶者，谁乎？良心也。行为犹两造，理想犹法律，而良心则司法官也。司法官标准法律，而判断两造之是非，良心亦标准理想，而判断行为之善恶也。

夫行为有内在之因，动机是也；又有外在之果，动作是也。今即行为而判断之者，将论其因乎？抑论其果乎？此为古今伦理学者之所聚讼。而吾人所见，则已于良心论中言之，盖行为之果，或非人所能预料，而动机则又止于人之欲望之所注，其所以达其欲望者，犹未具也。故两者均不能专为判断之对象，唯兼取动机及其预料之果，乃得而判断之，是之谓志向。

吾人既以理想为判断之标准，则理想者何谓乎？曰：窥现在之缺陷而求将来之进步，冀由是而驯至于至善之理想是也。故其理想，不特人各不同，即同一人也，亦复循时而异，如野人之理想，在足其衣食；而识者之理想，在餍于道义，此因人而异者也。吾前日之所是，及今日而非之；吾今日之所是，及他日而又非之，此一人之因时而异者也。

理想者，人之希望，虽在其意识中，而未能实现之于实在，且恒与实在者相反，及此理想之实现，而他理想又从而据之，故人之境遇日进步，而理想亦随而益进。理想与实在，永无完全符合之时，如人之夜行，欲踏己影而终不能也。

唯理想与实在不同，而又为吾人必欲实现之境，故吾人有生生不息之象。使人而无理想乎，夙兴夜寐，出作入息，如机械然，有何生趣？是故人无贤愚，未有不具理想者。唯理想之高下，与人生品行，关系至巨。其下者，囿于至浅之乐天主义，奔走功利，老死而不变；或所见稍高，而欲以简之作用达之，及其不果，遂意气沮丧，流于厌世主义，且有因而自杀者，是皆意力薄弱之故也。吾人不可无高尚之理想，而又当以坚忍之力向之，日新又新，务实现之而后已，斯则对于理想之责任也。

理想之关系，如是其重也，吾人将以何者为其内容乎？此为伦理学中至大之问题，而古来学说之所以多歧者也。今将述各家学说之概略，而后以吾人之意见抉定之。

第二节　快乐说

自昔言人生之鹄者，其学说虽各不同，而可大别为三：快乐说，克己说，实现说，是也。

以快乐为人生之鹄者，亦有同异。以快乐之种类言，或主身体之快乐，或主精神之快乐，或兼二者而言之。以享此快乐者言，或主独乐，或主公乐。主公乐者，又有舍己徇人及人己同乐之别。

以身体之快乐为鹄者，其悖谬盖不待言。彼夫无行之徒，所以丧产业，损誉，或并其性命而不顾者，夫岂非殉于身体之快乐故耶？且身体之快乐，人所同喜，不待教而后知，亦何必揭为主义以张之？徒足以助纵欲败度者之焰，而诱之于陷阱耳。血气方壮之人，幸毋为所惑焉。

独乐之说，知有己而不知有人，苟吾人不能离社会而独存，则其说决不足以为道德之准的，而舍己徇人之说，亦复不近人情，二者皆可以舍而不论也。

人我同乐之说，亦谓之功利主义，以最多数之人，得最大之快乐，为其鹄者也。彼以为人之行事，虽各不相同，而皆所以求快乐，即为蓄财产养名誉者，时或耐艰苦而不辞，要亦以财产名誉，足为快乐之预备，故不得不舍目前之小快乐，以预备他日之大快乐耳。而要其趋于快乐则一也，故人不可不以最多数人得最大快乐为理想。

夫快乐之不可以排斥，固不待言。且精神之快乐，清白高尚，尤足以鼓励人生，而慰藉之于无聊之时。其裨益于人，良非浅鲜。唯是人生必以最多数之人，享最大之快乐为鹄者，何为而然欤？如仅曰社会之趋势如是而已，则尚未足以为伦理学之义证。且快乐者，意识之情状，其浅深长短，每随人而不同，我之所乐，人或否之；人之所乐，亦未必为我所赞成。所谓最多数人之最大快乐者，何由而定之欤？持功利主义者，至此而穷矣。

盖快乐之高尚者，多由于道德理想之实现，故快乐者，实行道德之效果，而非快乐即道德也。持快乐说者，据意识之状况，而揭以为道德之主义，故其说有不可通者。

第三节　克己说

反对快乐说而以抑制情欲为主义者，克己说也。克己说中，又有遏欲与节欲之别。遏欲之说，谓人性本善，而情欲淆之，乃陷而为恶。故欲者，善之敌也。遏欲者，可以去恶而就善也。节欲之说，谓人不能无欲，徇欲而忘返，乃始有放僻邪侈之行，故人必有所以节制其欲者而后可，理性是也。

又有为良心说者，曰：人之行为，不必别立标准，比较而拟议之，宜以简直之法，质之于良心。良心所是者行之，否者斥之，是亦不外乎使情欲受制于良心，亦节欲说之流也。

遏欲之说，悖乎人情，殆不可行。而节欲之说，亦尚有偏重理性而疾视感情之弊。且克己诸说，虽皆以理性为中坚，而于理性之内容，不甚研求，相竞于避乐就苦之作用，而能事既毕，是仅有消极之道德，而无积极之道德也。东方诸国，自昔偏重其说，因以妨私人之发展，而阻国运之伸张者，其弊颇多。其不足以为完全之学说，盖可知矣。

第四节　实现说

快乐说者，以达其情为鹄者也；克己说者，以达其智为鹄者也。人之性，既包智、情、意而有之，乃舍其二而取其一，揭以为人生之鹄，不亦偏乎？必也举智、情、意三者而悉达之，尽现其本性之能力于实在，而完成之，如是者，始可以为人生之鹄，此则实现说之宗旨，而吾人所许为纯粹之道德主义者也。

人性何由而完成？曰：在发展人格。发展人格者，举智、情、意而统一之光明之之谓也。盖吾人既非木石，又非禽兽，则自有所以为人之品格，是谓人格。发展人格，不外乎改良其品格而已。

人格之价值，即所以为人之价值也。世界一切有价值之物，无足以拟之者，故为无对待之价值，虽以数人之人格言之，未尝不可为同异高下之比较；而自一人言，则人格之价值，不可得而数量也。

人格之可贵如此，故抱发展人格之鹄者，当不以富贵而淫，不以贫贱而移，不以威武而屈。死生亦大矣，而自昔若颜真卿、文天祥辈，以身殉国，曾不踌躇，所以保全其人格也。人格既堕，则生亦胡颜；人格无亏，则死而不朽。孔子曰："朝闻道，夕死可矣。"良有以也。

自昔有天道福善祸淫之说，世人以跖跷之属，穷凶而考终；夷齐之伦，求仁而饿死，则辄谓天道之无知，是盖见其一而不见其二者。人生数十寒暑耳，其间穷通得失，转瞬而逝；而盖棺论定，或流芳百世，或遗臭万年，人格之价值，固历历不爽也。

人格者，由人之努力而进步，本无止境，而其寿命，亦无限量焉。向使孔子当时为桓魋所杀，孔子之人格，终为百世师。苏格拉底虽仰毒而死，然其人格，至今不灭。人格之寿命，何关于生前之境遇哉。

发展人格之法，随其人所处之时地而异，不必苟同，其致力之所，即在本务，如前数卷所举，对于自己、若家族、若社会、若国家之本务皆是也。而其间所尤当致意者，为人与社会之关系。盖社会者，人类集合之有机体。故一人不能离社会而独存，而人格之发展，必与社会之发展相应。不明乎此，则有以独善其身为鹄，而不措意于社会者。岂知人格者，谓吾人在社会中之品格，外乎社会，又何所谓人格耶?

第四章

本务论

第一节　本务之性质及缘起

本务者，人生本分之所当尽者也，其中有不可为及不可不为之两义，如孝友忠信，不可不为者也；窃盗欺诈，不可为者也。是皆人之本分所当尽者，故谓之本务。既知本务，则必有好恶之感情随之，而以本务之尽否为苦乐之判也。

人生之鹄，在发展其人格，以底于大成。其鹄虽同，而所以发展之者，不能不随时地而异其方法。故所谓当为、不当为之事，不特数人之间，彼此不能强同，即以一人言之，前后亦有差别，如学生之本务，与教习之本务异；官吏之本务，与人民之本务异。均是忠也，军人之忠，与商贾之忠异，是也。

人之有当为不当为之感情，即所谓本务之观念也。是何由而起乎？曰自良心。良心者，道德之源泉，如第二章所言是也。

良心者，非无端而以某事为可为某事为不可为也，实核之于理想，其感为可为者，必其合于理想者也；其感为不可为者，必背于理想者也。故本务之观念，起于良心，而本务之节目，实准诸理想。理想者，所以赴人生之鹄者也。然则谓本务之缘起，在人生之鹄可也。

本务者，无时可懈者也。法律所定之义务，人之负责任于他人若社会者，得以他人若社会之意见而解免之。道德之本务，则与吾身为形影之比附，无自而解免之也。

然本务亦非责人以力之所不及者，按其地位及境遇，尽力以为善斯可矣。然则人者，既不能为本务以上之善行，亦即不当于本务以下之行为，而自谓已足也。

人之尽本务也，其始若难，勉之既久，而成为习惯，则渐造自然矣。或以为本务者，必寓有强制之义，从容中道者，不可以为本务，是不知本务之义之言也。盖人之本务，本非由外界之驱迫，不得已而为之，乃其本分所当然耳。彼安而行之者，正足以见德性之成立，较之勉强而行者，大有进境焉。

法律家之恒言曰：有权利必有义务；有义务必有权利。然则道德之本务，亦有所谓权利乎？曰有之。但与法律所定之权利，颇异其性质。盖权利之属，本乎法律者，为其人所享之利益，得以法律保护之，其属于道德者，则唯见其反抗之力，即不尽本务之时，受良心之呵责是也。

第二节　本务之区别

人之本务，随时地而不同，既如前说。则列举何等之人，而条别其本务，将不胜其烦，而溢于理论伦理学之范围。至至因其性质之大别，而辜较论之，则又前数卷所具陈也，今不赘焉。

今所欲论者，乃在本务缓急之别。盖既为本务，自皆为人所不可不尽，然其间自不能无大小轻重之差。人之行本务也，急其大者重者，而缓 其小者轻者，所不待言，唯人事蕃变，错综无穷，置身其间者，不能无歧路亡羊之惧，如石奢追罪人，而不知杀人者乃其父；王陵为汉御楚，而楚军乃以其母劫之，其间顾此失彼，为人所不能不惶惑者，是为本务之矛盾，断之昔宜审当时之情形而定之。盖常有轻小之本务，因时地而转为重大；亦有重大之本务，因时地而变为轻小者，不可以胶柱而鼓瑟也。

第三节　本务之责任

人既有本务，则即有实行本务之责任，苟可以不实行，则亦何所谓 本务。是故本务观念中，本含有责任之义焉；唯是责任之关于本务者，不 特在未行之先，而又负之于既行以后，譬如同宿之友，一旦罹疾，尽心调护，我之本务，有实行之责任者也。实行以后，调护之得当与否，我亦不得不任其责。是故责任有二义。而今之所论，则专属于事后之责任焉。

夫人之实行本务也，其于善否之间，所当任其责者何在？曰在其志 向。志向者，兼动机及其预料之果而言之也。动机善矣，其结果之善否，苟为其人之所能预料，则亦不能不任其责也。

人之行事，何由而必任其责乎？曰：由于意志自由。凡行事之始，或甲或乙，悉任其意志之自择，而别无障碍之者也。夫吾之意志，既选定此事，以为可行而行之，则其责不属于吾而谁属乎？

自然现象，无不受范于因果之规则，人之行为亦然。然当其未行之行，行甲乎，行乙乎？ 一任意志之自由，而初非因果之规则所能约束，是即责任之所由生，而道德法之所以与自然法不同者也。

本务之观念，起于良心，既于第一节言之。而责任之与良心，关系亦密。凡良心作用未发达者，虽在意志自由之限，而其对于行为之责任，亦 较常人为宽，如儿童及蛮人是也。

责任之所由生，非限于实行本务之时，则其与本务关系较疏。然其本原，则亦在良心作用，故附论于本务之后焉。

第五章

德论

第一节　德之本质

凡实行本务者，其始多出于勉强，勉之既久，则习与性成。安而行之，自能欣合于本务，是之谓德。

是故德者，非必为人生固有之品性，大率以实行本务之功，涵养而成者也。顾此等品性，于精神作用三者将何属乎？或以为专属于智，或以为专属于情，或以为专属于意。然德者，良心作用之成绩。良心作用，既赅智、情、意三者而有之，则以德之原质，为有其一而遗其二者，谬矣。

人之成德也，必先有识别善恶之力，是智之作用也。既识别之矣，而无所好恶于其间，则必无实行之期，是情之作用，又不可少也。既识别其为善而笃好之矣，而或犹豫畏葸，不敢决行，则德又无自而成，则意之作用，又大有造于德者也。故智、情、意三者，无一而可偏废也。

第二节　德之种类

德之种类，在昔学者之所揭，互有异同，如孔子说以智、仁、勇三者，孟子说以仁、义、礼、智四者，董仲舒说以仁、义、礼、智、信五者；希腊柏拉图说以智、勇、敬、义四者，雅里士多德说以仁、智二者，果以何者为定论乎？

吾侪之意见，当以内外两方面别类之。自其作用之本于内者而言，则孔子所举智、仁、勇三德，即智、情、意三作用之成绩，其说最为圆融。自其行为之形于外者而言，则当为自修之德。对于家族之德，对于社会之德，对于国家之德，对于人类之德。凡人生本务之大纲，即德行之最目焉。

第三节　修德

修德之道，先养良心。良心虽人所同具，而汩于恶习，则其力不充，然苟非梏亡殆尽。良心常有发现之时，如行善而惬，行恶而愧是也。乘其发现而扩充之，涵养之，则可为修德之基矣。

涵养良心之道，莫如为善。无问巨细，见善必为，日积月累，而思想云为，与善相习，则良心之作用昌矣。世或有以小善为无益而弗为者，不知善之大小，本无定限，即此弗为小善之见，已足误一切行善之机会而有余，他日即有莫大之善，亦将贸然而不之见。有志行善者，不可不以此为戒也。

既知为善，尤不可无去恶之勇。盖善恶不并立，去恶不尽，而欲滋其善，至难也。当世弱志薄行之徒，非不知正义为何物，而逡巡犹豫，不能决行者，皆由无去恶之勇，而恶习足以掣其肘也。是以去恶又为行善之本。

人即日以去恶行善为志，然尚不能无过，则改过为要焉。盖过而不改，则至再至三，其后遂成为性癖，故必慎之于始。外物之足以诱惑我者，避之若浼，一有过失，则翻然悔改，如去垢衣。勿以过去之不善，而遂误其余生也。恶人洗心，可以为善人；善人不改过，则终为恶人。悔悟者，去恶迁善之一转机，而使人由于理义之途径也。良心之光，为过失所壅蔽者，到此而复焕发。缉之则日进于高明，炀之则顿沉于黑暗。微乎危乎，悔悟之机，其慎勿纵之乎。

人各有所长，即亦各有所短，或富于智虑，而失之怯懦；或勇于进取，而不善节制。盖人心之不同，如其面焉。是以人之进德也，宜各审其资禀，量其境遇，详察过去之历史，现在之事实，与夫未来之趋向，以与其理想相准，而自省之。勉其所短，节其所长，以求达于中；和之境，否则从其所好，无所顾虑，即使贤智之过，迥非愚不肖者所能及，然伸于此者诎于彼，终不免为道德界之畸人矣。曾子有言，吾日三省吾身。以彼大贤，犹不敢自纵如此，况其他乎?

然而自知之难，贤哲其犹病诸。徒恃返观内省，尚不免于失真；必接种种人物，涉种种事变，而屡省验之；又复质询师友，博览史籍，以补其不足。则于锻炼德性之功，庶乎可矣。

第六章

结论

道德有积极、消极二者：消极之道德，无论何人，不可不守。在往昔人权未昌之世，持之最严。而自今日言之，则仅此而已，尚未足以尽修德之量。盖其人苟能屏出一切邪念，志气清明，品性高尚，外不愧人，内不自疚，其为君子，固无可疑，然尚囿于独善之范围，而未可以为完人也。

人类自消极之道德以外，又不可无积极之道德，既涵养其品性，则又不可不发展其人格也。人格之发展，在洞悉夫一身与世界种种之关系，而开拓其能力，以增进社会之利福。正鹄既定，奋进而不已，每发展一度，则其精进之力，必倍于前日。纵观立功成事之人，其进步之速率，无不与其所成立之事功而增进，固随在可证者。此实人格之本性，而积极之道德所赖以发达者也。

然而人格之发展，必有种子，此种子非得消极道德之涵养，不能长成，而非经积极道德必以积极之扩张，则不能蕃盛。故修德者，当自消极之道德济之德始，而又必以积极之道德济之。消极之道德，与积极之道德，譬犹车之有两轮，鸟之有两翼焉，必不可以偏废也。

国民修养散论

科学之修养

鄙人前承贵校德育部之召，曾来校演讲；今又蒙修养会见召，敢述修养与科学之关系。

查修养之目的，在使人平日有一种操练，俾临事不致措置失宜。盖吾人平日遇事，常有计较之余暇，故能反复审虑，权其利害是非之轻重而定取舍。然若至仓卒之间，事变横来，不容有审虑之余地，此时而欲使诱惑、困难不能隳其操守，非凭修养有素不可，此修养之所以不可缓也。

修养之道，在平日必有种种信条；无论其为宗教的或社会的，要不外使服膺者储蓄一种抵抗之力，遇事即可凭之以定抉择。如心所欲作而禁其不作，或心所不欲而强其必行，皆依于信条之力。此种信条，无论文明、野蛮民族均有之。然信条之起，乃由数千万年习惯所养成；及行之既久，必有不适之处，则怀疑之念渐兴，而信条之效力遂失。此犹就其天然者言也。乃若古圣先贤之格言嘉训，虽属人造，要亦不外由时代经验归纳所得之公律，不能不随时代之变迁而易其内容。吾人今日所见为嘉言懿行者，在日后或成故纸；欲求其能常系人之信仰，实不可能。由是观之，则吾人之于修养，不可不研究其方法。在昔吾国哲人，如孔、孟、老、庄之属。均曾致力于修养，而宋、明儒者尤专力于此。然学者提倡虽力，卒不能使天下之人尽变为良善之士，可知修养亦无一定之必可恃者也。至于吾人居今日而言修养，则尤不能如往古道家之蛰影深山，不闻世事。盖今日社会愈进，世务愈繁。已入社会者，固不能舍此而他从；即未入社会之学校青年，亦必从事于种种学问，为将来入世之准备。其责任之繁重如是，故往往易为外务所缚，无精神休假之余地，常易使人生观陷于悲观厌世之域，而不得志之人为尤甚。其故即在现今社会与从前不同。欲补救此弊，须使人之精神有张有弛。如作事之后，必继之以睡眠，而精神之疲劳，亦必使有机会得以修养。此种团体之结合，尤为可喜之事。但鄙人以为修养之致力，不必专限于集会之时，即在平时课业中亦可利用其修养。故特标此题曰："科学的修养。"

今即就贵会之修养法逐条说明，以证科学的修养法之可行。如贵会简章有"力行校训"一条。贵校校训为"诚勤勇爱"四字。此均可于科学中行之。如"诚"字之义，不但不欺人而已，亦必不可为他人所欺。盖受人之欺而不自知，转以此说复诏他人，其害与欺人者等也。是故吾人读古人之书，其中所言苟非亲身实验证明者，不可轻信；乃至极简单之事实，如一加二为三之数，亦必以实验证明之。夫实验之用最大者，莫如科学。譬如报纸纪事，臧否不一，每使人茫无适从。科学则不然。真是真非，丝毫不能移易。盖一能实验，而一不能实验故也。由此观之，科学之价值即在实验。是故欲力行"诚"字，非用科学的方法不可。

其次"勤"：凡实验之事，非一次所可了。盖吾人读古人之书而不慊于心，乃出之实验。然一次实验之结果，不能即断其必是，故必继之以再以三，使有数次实验之结果。如不误，则可以证古人之是否；如与古人之说相刺谬，则尤必详考其所以致误之因，而后可以下断案。凡此者反复推寻，不惮周详，可以养成勤劳之习惯。故"勤"之力行亦必依赖夫科学。

再次"勇"：勇敢之意义，固不仅限于为国捐躯、慷慨赴义之士，凡作一事，能排万难而达其目的者，皆可谓之勇。科学之事，困难最多。如古来科学家，往往因试验科学致丧其性命，如南北极及海底探险之类。又如新发明之学理，有与旧传之说不相容者，往往遭社会之迫害，如哥白尼、贾利来（即伽利略）之惨祸。可见研究学问，亦非有勇敢性质不可；而勇敢性质，即可于科学中养成之。大抵勇敢性有二：其一，发明新理之时，排去种种之困难阻碍；其二，既发明之后，敢于持论，不惧世俗之非笑。凡此二端，均由科学所养成。

再次“爱”：爱之范围有大小。在野蛮时代，仅知爱自己及与己最接近者，如家族之类。此外稍远者，辄生嫌忌之心。故食人之举，往往有焉。其后人智稍进，爱之范围渐扩，然犹不能举人我之见而悉除之。如今日欧洲大战，无论协约方面或德奥方面，均是己非人，互相仇视，欲求其爱之普及甚难。独至于学术方面则不然：一视同仁，无分畛域；平日虽属敌国，及至论学之时，苟所言中理，无有不降心相从者。可知学术之域内，其爱最溥。又人类嫉妒之心最盛，入主出奴，互为门户。然此亦仅限于文学耳；若科学，则均由实验及推理所得唯一真理，不容以私见变易一切。是故嫉妒之技无所施，而爱心容易养成焉。

以上所述，仅就力行校训一条引申其义。再阅简章，有静坐一项。此法本自道家传来。佛氏之坐禅，亦属此类。然历年既久，卒未普及社会；至今日日本之提倡此道者，纯以科学之理解释之。吾国如蒋竹庄先生亦然，所以信从者多，不移时而遍于各地。此亦修养之有赖于科学者也。

又如不饮酒、不吸烟二项，亦非得科学之助力不易使人服行。盖烟酒之嗜好，本由人无正当之娱乐，不得已用之以为消遣之具，积久遂成痼疾。至今日科学发达，娱乐之具日多，自不事此无益之消遣。如科学之问题，往往使人兴味加增，故不感疲劳而烟酒自无用矣。

今日所述，仅感想所及，约略陈之。唯宜注意者，鄙人非谓学生于正课科学之外，不必有特别之修养，不过正课之中，亦不妨兼事修养，俾修养之功，随时随地均能用力，久久纯熟，则遇事自不致措置失宜矣。

（此文是蔡元培在北京高等示范学校修养会的演说词）

世界观与人生观

世界无涯涘也，而吾人乃于其中占有数尺之地位；世界无终始也，而吾人乃于其中占有数十年之寿命；世界之迁流如是其繁变也，而吾人乃于其中占有少许之历史。以吾人之一生较之世界，其大小久暂之相去既不可以数量计，而吾人一生又决不能有几微遁出于世界以外，则吾人非先有一世界观，决无所容喙于人生观。

虽然，吾人既为世界之一分子，决不能超出世界以外，而考察一客观之世界，则所谓完全之世界观何自而得之乎？曰凡分子必具有全体之本性，而既为分子则因其所值之时地而发生种种特性，排去各分子之特性而得一通性，则即全体之本性矣。吾人为世界一分子，凡吾人意识所能接触者无一非世界之分子。研究吾人之意识而求其最后之原素为物质及形式，犹相对待也。超物质形式之畛域而自在者，唯有意志。于是吾人得以意志为世界各分子之通性，而即以是为世界之本性。

本体世界之意志，无所谓鹄的也。何则？一有鹄的，则悬之有其所，达之有其时，而不得不循因果律以为达之之方法，是仍落于形式之中，含有各分子之特性，而不足以为本体。故说者以本体世界为黑暗之意志，或谓之盲督之意志，皆所以形容其异于现象世界各各之意志也。现象世界各各之意志则以回向本体为最后之大鹄的，其间接以达于此大鹄的者又有无量数之小鹄的，各以其间接于最后大鹄的之远近为其大小之差。

最后之大鹄的何在？曰：合世界之各分子息息相关，无复有彼此之差别，达于现象世界与本体世界相交之一点是也。自宗教家言之，吾人固未尝不可一瞬间超轶现象世界种种差别之关系，而完全成立为本体世界之大我。然吾人于此时期既尚有语言文字之交通，则已受范于渐法之中，而不以顿法，于是不得不有所谓种种间接之作用。缀辑此等间接作用，使厘然有系统可寻者，进化史也。

统大地之进化史而观之，无机物之各质点，自自然引力外，殆无特别相互之关系；进而为有机之植物，则能以质点集合之机关共同操作，以行其延年传种之作用；进而为动物，则又于同种类间为亲子朋友之关系，而其分职通功之例视植物为繁。及进而为人类，则由家庭而宗族，而社会，而国家，而国际，其互相关系之形式既日趋于博大，而成绩所留，随举一端，皆有自阂而通，自别而同之趋势。例如昔之工艺，自造之，而自用之耳。今则一人之所享受，不知经若干人之手而后成；一人之所操作，不知供若干人之利用。

昔之知识，取材于乡土志耳。今则自然界之记录，无远弗届，远之星体之运行，小之原子之变化，皆为科学所管领。由考古学人类学之互证，而知开明人之祖先与未开化人无异；由进化学之研究，而知人类之祖先与动物无异。是以语言风俗宗教美术之属，无不合大地之人类以相比较。而动物心理，动物言语之属，亦渐为学者所注意。昔之同情，及最近者而止耳。是以同一人类，或状貌稍异，即痛痒不复相关，而甚至于相食。其次则死之，奴之。今则四海兄弟之观念为人类所公认，而肉食之戒，虐待动物之禁，以渐流布。所谓仁民而爱物者，已成为常识焉。夫已往之世界，经其各分子经营而进步者其成绩固已如此，过此以往，不亦可比例而知之欤？

道家之言曰：“知足不辱，知止不殆。”又曰：“小国寡民，使有什伯之器而不用；使民重死而不远徙，虽有舟舆，无所乘之，虽有甲兵，无所陈之；使民复结绳而用之，甘其食，美其服，安其居，乐其俗；邻国相望，鸡犬之声相闻，民至老死而不相往来。”此皆以目前之幸福言之也。自进化史考之，则人类精神之趋势乃适与相反。人满之患虽自昔借为口实，而自昔探险新地者率生于好奇心，而非为饥寒所迫。南北极苦寒之所，未必于吾侪生活有直接利用之资料，而冒险探极者踵相接。由推轮而大辂，由桴槎而方舟，足以济不通矣，乃必进而为汽车汽船及自动车之属。近则飞艇飞机更为竞争之的。其构造之初必有若干之试验者供其牺牲，而初不以及身之不及利用而生悔。文学家美术家最高尚之著作，被崇拜者或在死后，而初不以及身之不得信用而辍业。用以知：为将来而牺牲现在者，又人类之通性也。

人生之初，耕田而食，凿井而饮，谋生之事至为繁重，无暇为高尚之思想。自机械发明，交通迅速，资生之具日趋于便利。循是以往，必有寂粟如水火之一日，使人类不复为口腹所累，而得专致力于精神之修养。今虽尚非其时，而纯理之科学，高尚之美术，笃嗜者固已有甚于饥渴，是即他日普及之征兆也。科学者，所以祛现象世界之障碍，而引至于光明。美术者，所以写本体世界之现象，而提醒其觉性。人类精神之趋向既毗于是，则其所到达之点盖可知矣。

然则，进化史所以诏吾人者：人类之义务，为群伦不为小己，为将来不为现在，为精神之愉快而非为体魄之享受，固已彰明而较著矣。而世之误读进化史者，乃以人类之大鹄的为不外乎具一身与种性之生存，而遂以强者权利为无上之道德。夫使人类果以一身之生存为最大之鹄的，则将如神仙家所主张，而又何有于种姓？如曰人类固以绵延其种姓为最后之鹄的，则必以保持其单纯之种姓为第一义，而同姓相婚，其生不善，古今开明民族，往往有几许之混合者。是两者何足以为究竟之鹄的乎？孔子曰：“生无所息。”庄子曰：“造物劳我以生。”诸葛孔明曰：“鞠躬尽瘁，死而后已。”是吾身之所以欲生存也。北山愚公之言曰：“虽我之死，有子存焉。子又生孙，孙又生子，子子孙孙，无穷匮也。而山不加增，何苦而不平？”是种姓之所以欲生存也。人类以在此世界有当尽之义务，不得不生存其身体。又以此义务者非数十年之寿命所能竣，而不得不谋其种姓之生存。以图其身体若种姓之生存，而不能不有所资以营养，于是有吸收之权利。又或吾人所以尽务之身体若种姓，及夫所资以生存之具，无端受外界之侵害，将坐是而失其所以尽务之自由，于是有抵抗之权利。此正负两式之权利，由义务而演出者也。今曰吾人无所谓义务，而权利则可以无限，是犹同舟共济，非合力不足以达彼岸，乃强有力者以进行为多事，而劫他人所持之棹楫以为己有，岂非颠倒之尤者乎？

昔之哲人有见于大鹄的之所在，而于其他无量数之小鹄的，又准其距离于大鹄的之远近，以为大小之差。于其常也，大小鹄的并行而不悖。孔子曰："己欲立而立人，己欲达而达人。"孟子曰："好乐，好色，好货，与人同之。"是其义也。于其变也，绌小以申大。尧知子丹朱之不肖，不足授天下。授舜，则天下得其利而丹朱病，授丹朱，则天下病而丹朱得其利。尧曰，终不以天下之病而利一人，而卒授舜以天下。禹治洪水，十年不窥其家。孔子曰："志士仁人，无求生以害仁，有杀身以成仁。"墨子摩顶放踵，利天下为之。孟子曰："生与义不可得兼，舍生而取义。"范文正曰："一家哭，何如一路哭。"是其义也。循是以往，则所谓人生者，始合于世界进化之公例，而有真正之价值。否则，庄生所谓天地之委形委蜕已耳，何足道也！

（此文是蔡元培第二次赴德留学时所作的）

义务与权利

贵校成立，于兹十载毕业生之服务于社会者，甚有声誉。鄙人甚所钦佩。今日承方校长属以演讲。鄙人以诸君在此受教，是诸君之权利，而毕业以后即当任若干年教员，即诸君之义务，故愿为诸君说义务与权利之关系。

权利者，为所有权自卫权等，凡有利于己者，皆届之。义务则凡尽吾力而有益于社会者皆属之。

普通之见，每以两者为互相对待，以为既尽某种义务，则可以要求某种权利，既享某种权利，则不可不尽某种义务。如买卖然，货物与金钱，其值相当是也。然社会上每有例外之状况，两者或不能兼得，则势必偏重其一。如杨朱为我，不肯拔一毛以利天下；德国之斯梯纳 (Stine) 及尼采 (Nietzsche) 等，主张唯我独尊，而以利他主义为奴隶之道德。此偏重权利之说也。墨子之道，节用而兼爱；孟子曰，生与义不可得兼，舍生而取义。此偏重义务之说也。今欲比较两者之轻重，以三者为衡。

（一）以意识之程度衡之。下等动物，求食物，卫生命，权利之意识已具；而互助之行为，则于较为高等之动物始见之。昆虫之中，蜂蚁最为进化。其中雄者能传种而不能作工。传种既毕，则工蜂、工蚁刺杀之，以其义务无可再尽，即不认其有何等权利也。人之初生即知吮乳，稍长则饥而求食，寒而求衣，权利之意识具，而义务之意识未萌。及其长也，始知有对于权利之义务。且进而有公而忘私，国而忘家之意识。是权利之意识，较为幼稚，而义务之意识，较为高尚也。

（二）以范围之广狭衡之。无论何种权利，享受者以一身为限；至于义务，则如振兴实业推行教育之类，享其利益者，其人数可以无限。是权利之范围狭而义务之范围广也。

（三）以时效之久暂衡之。无论何种权利，享受者以一生为限。即如名誉，虽未尝不可认为权利之一种，而其人既死，则名誉虽存而所含个人权利之性质，不得不随之而消灭。至于义务，如禹之治水，雷绥佛 (Lessevs) 之凿苏伊士河，汽机电机之发明，文学家美术家之著作，则其人虽死而效力常存。是权利之时效短而义务之时效长也。

由是观之，权利轻而义务重。且人类实为义务而生存。例如人有子女，即生命之派分，似即生命权之一部。然除孝养父母之旧法而外，曾何权利之可言？至于今日，父母已无责备子女以孝养之权利，而饮食之教诲之，乃为父母不可逃之义务。且列子称愚公之移山也曰："虽我之死，有子存焉。子又生孙，孙又生子，子子孙孙，无穷匮也，而山不加增，何苦而不平？"虽为寓言，实含至理。盖人之所以有子孙者，为夫生年有尽，而义务无穷，不得不以子孙为延续生命之方法，而于权利无关。是即人之生存为义务而不为权利之证也。

唯人之生存，既为义务，则何以又有权利？曰，尽义务者在义务与权利有身，而所以保持此身使有以尽义务者，曰权利。如汽机然，非有燃料，则不能作工。权利者，人身之燃料也。故义务为主而权利为从。

义务为主，则以多为贵，故人不可以不勤。权利为从，则适可而止，故人不可以不俭。至于捐所有财产以助文化之发展，或冒生命之危险而探南北极试航空术，则皆可为善尽义务者。其他若厌世而自杀，实为放弃义务之行为，故伦理学家常非之。然若其人既自知无再尽义务之能力，而坐享权利或反以其特别之疾病若罪恶，贻害于社会，则以自由意志而决然自杀，亦有可谅者。

独身主义亦然，与谓为放弃权利，毋宁谓为放弃义务。然若有重大之义务，将竭毕生之精力以达之，而不愿为室家所累，又或自忖体魄在优种学上者不适于遗传之理由，而决然抱独身主义，亦有未可厚非者。

今欲进而言诸君之义务矣。闻诸君中颇有以毕业后必尽教员之义务为苦者。然此等义务，实为校章所定。诸君入校之初，既承认此校章矣。若于校中既享有种种之权利，而竟放弃其义务，如负债不偿然，于心安乎？毕业以后，固亦有因结婚之故而家务校务不能兼顾者。然胡彬夏女士不云乎："女子尽力社会之暇，能整理家事，斯为可贵。"是在善于调度而已。我国家庭之状况，烦琐已极，诚有使人应接不暇之苦。然使改良组织，日就简单，亦未尝不可分出时间，以服务于社会。又或约集同志，组织公育儿童之机关，使有终身从事教育之机会，亦无不可。在诸君勉之而已。

（此文是蔡元培在北京女子师范学校的演说词）

怎样才配做一个现代学生

一般似乎很可爱的青年男女，住着男女同学的学校，就可以算做现代学生么？或者能读点外国文的书，说几句外国语；或者能够“信口开河”的谈什么……什么主义和什么什么……文学，也配称做现代学生么？我看，这些都是表面的或次要的问题。我以为至少要具备下列三个条件，才配称做现代学生。

（一）狮子样的体力

我国自来把读书的人叫做文人，本是因为他们所习的为文事的缘故，不料积久这“文人”两个字和“文弱的人”四个字竟发生了连带的关系。古时文士于礼、乐、书、数之外，尚需学习射、御，未尝不寓武于文。不料到后来，被一般野心帝王专以文字章句愚弄天下儒生，鄙弃武事，把知识阶级的体力继续不断的摧残下去；流毒至今，一般读书人所应有的健康，大都被毁剥了。羸弱父母，哪能生产康强的儿女！先天上既虞不足，而学校教育，又未能十分注意体格的训练，后天上也就大有缺陷。所以现时我国的男女青年的体格，虽略较二十年前的书生稍有进步，但比起东、西洋学生壮健活泼、生机勃茂的样子来，相差真不可以道里计。新近有一位留学西洋多年而回国不久的朋友对我说：他刚从外洋回到上海的时候，在马路上走，简直不敢抬头，因为看见一般孱弱已极、毫无生气的中国男女，不禁发生恐惧和惭愧的感觉。这位朋友的话，并不是随便邪说。任何人刚从外国返到中国国境，怕都不免有同样的印象。这虽是就普通的中国人观察，但是学校里的学生也好不了许多。先有健全的身体，然后有健全的思想和事业，这句话无论何人都是承认的，所以学生体力的增进，实在是今日办教育的生死关键。

现今欲求增进中国学生的体力，唯有提倡运动一法。中国废科举、办学校，虽已历时二十余年之久，对于体育一项的设备，太不注意。甚至一个学校连操场、球场都没有，至于健身房、游泳池等等关于体育上的设备，更说不上了。运动机会既因无“用武地”而减少，所以往往有聪慧勤学的学生，只因体力衰弱的缘故，纵使不患肺病、神经衰弱病及其他痼症而青年夭折，也要受精力不强、活动力减少的影响，不能出其所学贡献于社会，前途希望和幸福就从此断送，这是何等可悲痛的事！

今日的学生，便是明日的社会中坚，国家柱石，这样病夫式或准病夫式的学生，焉能担得起异日社会国家的重责！又焉能与外国赳赳武夫的学生争长比短！就拿本年日本举行的第九届远东运动会而论，我国运动员的成绩比起日本来，几乎处处落人之后。较可取巧的足球，日本学生已成我劲敌。至于最费体力的田径赛，则完全没有我国学生的地位，这又是何等可羞耻的事！

体力的增进，并非一蹴而企。试观东、西洋学生，自小学以至大学，无一日不在锻炼陶冶之中。所以他们的青年，无不嗜好运动，兴趣盎然。一闻赛球，群起而趋。这种习惯的养成，良非易事。而健全国民的基础，乃以确立。这种情形，在初入其国的，尝误认为一种狂癖；观察稍久，方知其影响国本之大。这是我们所应憬然猛省的。

外人以我国度庞大而不自振作，特赠以“睡狮”的怪号。青年们！醒来吧！赶快回复你的“狮子样的体力”！好与世界健儿，一较好身手；并且以健全的体力，去运用思想，创造事业！

（二）猴子样的敏捷

“敏捷”的意思，简单说起来就是“快”。在这二十世纪的时代做人，总得要做个“快人”才行。譬如赛跑或游泳一样，快的居前，不快的便要落后，这是无可避免的结果。我们中国的文化，在二千年前，便已发展到与现今的中国文化程度距离不远。那时欧洲大陆还是蛮人横行的时代。至美洲尚草莽未辟，更不用说。然而今日又怎样呢？欧洲文化的灿烂，吾人既已瞠乎其后，而美洲则更发展迅速。美利坚合众国立国至今不过一百五十四年，其政治、经济的一切发展，竟有“后来居上”之势。这又是什么缘故呢？这固然是美国的环境好，适于建设。而美国人的举动敏捷，也是他们成功迅速一个最大的原因。吾人试游于美国的都市，汽车、街车等等的风驰电掣不算，就是在大街两旁道上走路的人，也都是迈往直前，绝少左顾右盼、姗姗行迟，像中国人所常有的样子，再到他们的工厂或办事房中去参观，他们也是快手快脚的各忙各的事体。至于学校里的学生，无论在讲堂上、操场上、图书馆里、实验室里，一切行动态度，总是敏捷异常，活泼得很；所以他们能够在一个短时期内，学得多，做得多。将来的成就也自然的多起来了。掉转头来看看我国的情形，一般人的行动颟顸迟缓，姑置勿论；就是学校里的学生，读书做事，也大半是一些不灵敏。所以在初中毕业的学生，国文不能畅所欲言；在大学里毕业的学生，未必能看外国文的书籍。这不是由于他们的脑筋迟钝，实在是由于习惯成自然。所以出了学校以后，做起事来，仍旧不能紧张，“从容不迫”的做下去。西洋人可以一天做完的事，中国人非两天或三天不能做完。在效率上相差得这样多，所成就的事体，自然也就不可同日而语了。

关于这种迟缓的不敏捷的行动，我说是一种习惯，而且这种习惯是由于青年时代养成的，并不是没有什么事实上的根据。我们可以用华侨子弟和留学生来做证明：在欧美生长的中国小孩，行动的敏捷，固足与外国小孩相颉颃；而一般留学生，初到外国的时候，总感觉得处处落人之后，走路没有人家快，做事没有人家快，读书没有人家快，在课堂上抄笔记也没有人家写得快、记得多，苦不堪言；但在这样环境中吃得苦头太多了以后，自然而然的一切行动也就渐渐的会变快了。所以留学生回国后一切行动，总比普通一般人要敏捷些。等待他们在百事迟钝的中国环境里住的时间稍为长久一点，他们的迟缓的老脾气，或者也会重新发作的。就拿与人约会或赴宴会做例子，在欧美住过几年的人，初回国的时候，大都是很肯遵守时间，按时而到；后来觉得自己到了，他人迟到，也是于事无益，呆坐着等人，还白白糟蹋了宝贵的时间，不如还是从俗罢。但是这种习惯的误事和不便，是人人所引为遗憾的。尤其是我们的青年人，应当积极纠正的。

青年们呀！现在已经是二十世纪的新时代了！这个时代的特征就是“快”。你看布满了各国大陆的铁道，游遍了各国海洋的船舰，肉眼可看见的有线电的电线，不可见的无线电的电浪，可以横渡大西洋而远征南北极的飞机，城市地面上驰骋着的街车与汽车，地面下隧道中通行的火车与电车，以及工厂、农场、公事房，家庭中所有的一切机器，哪一件不是为要想达到“快”的目的而设的。况且凡百科学，无不日新月异的在那里增加发明。我们纵不能自己发明，也得要迎头赶上去、学上去，这都是非快不为功的。

据进化论的昭示，我们人类由猿猴进化而来。却是人类在这比较安舒的环境中，行动渐次变了迟钝，反较猴子略逊一筹，而中国人的颟顸程度更特别的高。以开化最早的资格，现反远居人后，这是多么惭愧的事！现在我们的青年，如要想对于求学、做事两方面，力振颓风，则非学“猴子样的敏捷”，急起直追不可！

（三）骆驼样的精神

在中国四万万同胞中，各人所负责任的重大，恐怕要算青年学生首屈一指了！就中国现时所处的可怜地位和可悲的命运而论，我们几乎可以说：凡是可摆脱这种地位、挽回这种命运的事情和责任，直接或间接都是要落在学生们的双肩上。

第一是对于学术上的责任：做学生的第一件事就要读书。读书从浅近方面说，是要增加个人的知识和能力，预备在社会上做一个有用的人材；从远大的方面说，是要精研学理，对于社会国家和人类作最有价值的贡献。这种责任是何等的重大！读者要知道一个民族或国家要在世界上立得住脚——而且要光荣的立住——是要以学术为基础的。尤其是，在这竞争剧烈的二十世纪，更要倚靠学术。所以学术昌明的国家，没有不强盛的；反之，学术幼稚和知识蒙昧的民族，没有不贫弱的。德意志便是一个好例证：德人在欧战时力抗群强，能力固已可惊；大败以后，曾不十年而又重列于第一等国之林，这岂不是由于他们的科学程度特别优越而建设力强所致么？我们中国人在世界上原来很有贡献的——如发明指南针、印刷术、火药之类——所以现时国力虽不充足，而仍为谈世界文化者所重视。不过经过两千年专制的锢蔽，学术遂致落伍。试问在现代的学术界，我们中国人对于人类幸福有贡献的究竟有几个人呢？无怪人家渐渐的看不起我们了。我们以后要想雪去被人轻视的耻辱，恢复我们固有的光荣，只有从学术方面努力，提高我们的科学知识，更进一步对世界作一种新的贡献，这些都是不能不首先属望于一般青年学生的。

第二是对于国家的责任：中国今日，外则强邻四逼，已沦于次殖民地的地位；内则政治紊乱，民穷财匮，国家的前途实在太危险了。今后想摆脱列强的羁绊，则非急图取消不平等条约不可。想把国民经济现状改良，使一般国民能享独立、自由、富厚的生活，则非使国内政治能上轨道不可。昔范仲淹为秀才时，便以天下为己任，果然有志竟成。现在的学生们，又安可不以国家为己任啊！

第三是对于社会的责任：先有好政治而后有好社会，抑先有好社会而后有好政治？这个问题用不着什么争论的，其实二者是相互影响的，所以学生对于社会也是负有对于政治同等的责任。我们中国的社会，是一个很老的社会，一切组织形式及风俗习惯，大都陈旧不堪，违反现代精神而应当改良。这也是要希望学生们努力实行的。因为一般年纪大一点的旧人物，有时纵然看得出，想得到，而以濡染太久的缘故，很少能彻底改革的。所以关于改良未来的社会一层，青年所负的责任也是很大的。

以上所说的各种责任都放在学生们的身上，未免太重一些。不过生在这时的中国学生，是无法避免这些责任的。若不学着“骆驼样的精神”来“任重道远”，又有什么办法呢?

除开上述三种基本条件而外，再加以“崇好美术的素养”和“自爱”、“爱人”的美德，便配称做现代学生而无愧了。

（此文是孟寿椿代作）

对于师范生的希望

在今日看来，无论中外，男女都要受教育，并且所受的教育都要一样的。从前的人以为所学的科学不必相同，有女子须学而男子不应学者，有男子须学而女子不应学者，于是学校有男女之别。社会情形改变，家庭情形亦随之改变：从前只有男子在社会上做事，女子毫不负责任，近年来女子常常代男子做许多社会事业，譬如欧战发生以后，男子都从军去了，女子乃不得不在社会上做事。塞尔维亚的女子也有从军的。照这样看来，男女所做的事，应该相同。中国的教育，男女学校不是平行发达：男子有专门学校，有大学校，女子没有，所以北京大学实行男女同学。中国有男子师范、女子师范，但男女师范之分离，并不是程度上的关系，并不是功课上的关系，不过因仍旧习惯罢了。

师范的性质与中学不同：中学毕业后还要升学；师范毕业，就要当教员。师范是为培植将来的小学教员。诸位是将来的教员，不可不注重学校中一切的科学。中学各科有各科的教员，教师或只教一种科学，小学则不然。小学内常常以一人兼教各种科学，初等小学常以一人兼学校中一切科学，如手工、图画、音乐、体操，所以一个师范生可以办一个小学。师范生的程度，必须各科都好，才能担负这种责任。小学教师正像工人一样，工人的各种器具都完备，才能制造各种东西，小学教师的各种科学都完善，才能得良好的小学教育。所以师范生须兼长并进，不能选此舍彼。

现在的学校多实行选科制，但这种制度只能行之于高等以上的学校，并且学生只有相对的选择，无绝对的选择，除必修科以外的科学，才有选择权。北京大学现行这种制度，如入化学科，有三分之二是必修科，余者可自由选择。又如在每门选一种或几种科学，而不专习某科者谓之旁听生，修业期限无定，学校亦不发毕业证书。学生所选的学科必须经教员审定，因教员知道选何者有益，选何者无益，如走生路，若无人指引，易入歧路。总而言之，高等教育方行选科制，但须教员认定。

普通教育不能行选科制，只可采用选科精神。从前的学生有因一二种学科不及格而降班者，譬如甲长于国文而算术不好，因算术不好降入低年级，使他的国文也不能随高年级听讲。这种办法很不公平。遇了这种情形可用选科的精神，就是甲算术不好，乙国文不好，可令甲乙二人在低年级听算术国文，其余的科学仍随高年级听讲。普通教育，选科的程度至此为止，普通师范学校当然也是这样。

师范生对于各科的知识，必须贯通，各有心得，多看参考书，参观实在情形，心身上才有利益，怎么叫做师范？范就是模范，可为人的榜样。自己的行为要做别人的模范，所以师范生的行为最要紧。模范不是短时间能成就的，须慢慢地养成。

学校内的规则不许你们这样，或不许你们那样，这是消极的。学生知道这些规则对于我们有益，我情愿遵守，才肯入校。所以学校的规则可说不是学校定的，是你们自己定的。学校的规则如很不方便，可求改良，但不得忽然破坏规则。教室内无规则，就没有秩序，你们当教员的时候愿看见这种情形么？

五四以后，社会上很重视学生，但到了现在，生出许多流弊。学生以自己为万能，常常想去干涉社会上的事和政治上的事。如果学校内有一部分人如此，他部分想用功的人也决不能用功了。欧战以来，各国毕业生有许多当兵者，但未毕业的仍旧求学。不求学，专想干涉校外的事，有极大的危险。国家的事不是学生可以解决的，学生运动不过要提醒外界的人，不是能直接解决各种问题。所以用不着常常运动。

五四运动发源于北大，当时这种运动，出于势不得已，非有意干涉政治。现在北大的学生决不肯轻易干涉政治上的事。为什么原故呢？（一）因学问不充足，办事很困难，办事须从学问上入手，不得不专心求学。（二）觉得中国政治问题层出不穷，若常常干预，必至无暇用工。我出京的时候，他们专心求学以外，只办平民学校，不管别的事情了。

小学教员在社会上的位置最重要，其责任比大总统还大些。你们在学校中如有很好的预备，就能担负这责任，有益于社会真不浅呵！

（此文1921年2月24日刊于《北京大学日刊》第815号）

文化运动不要忘了美育

现在文化运动，已经由欧美各国传到中国了。解放呵！创造呵！新思潮呵！新生活呵！在各种周报上，已经数见不鲜了。但文化不是简单，是复杂的；运动不是空谈，是要实行的。要透彻复杂的真相，应研究科学；要鼓励实行的兴会，应利用美术。科学的教育，在中国可算有萌芽了；美术的教育，除了小学校中机械性的音乐、图画以外，简截可说是没有。

不是用美术的教育，提起一种超越利害的兴趣，融合一种划分人我的偏见，保持一种永久平和的心境；单单凭那个性的冲动、环境的刺激，投入文化运动的潮流，恐不免有下列三种的流弊：（一）看得很明白，责备他人也很周密，但是到了自己实行的机会，给小小的利害绊住，不能不牺牲主义。（二）借了很好的主义作护身符，放纵卑劣的欲望；到劣迹败露了，叫反对党把他的污点影射到神圣主义上，增了发展的阻力。（三）想用简单的方法、短少的时间，达他的极端的主义；经了几次挫折，就觉得没有希望，发起厌世观，甚且自杀。这三种流弊，不是渐渐发现了么？一般自号觉醒的人，还能不注意么？

文化进步的国民，既然实施科学教育，尤要普及美术教育。专门练习的，既有美术学校、音乐学校、美术工艺学校、优伶学校等，大学校又设有文学、美学、美术史、乐理等讲座与研究所；普及社会的，有公开的美术馆或博物院，中间陈列品，或由私人捐赠，或用公款购置，都是非常珍贵的。有临时的展览会，有音乐会，有国立或公立的剧院，或演歌舞剧，或演科白剧（即话剧），都是由著名的文学家、音乐家编制的。演剧的人，多是受过专门教育、有理想、有责任心的。市中大道，不但分行植树，并且间以花畦，逐次移植应时的花。几条大道的交叉点，必设广场，有大树，有喷泉，有花坛，有雕刻品。小的市镇，总有一个公园；大都会的公园，不只一处。又保存自然的林木，加以点缀，作为最自由的公园。一切公私的建筑，陈列器具，书肆与画肆的印刷品，各方面的广告，都是从美术家的意匠构成。所以不论哪一种人，都时时刻刻有接触美术的机会。我们现在，除文字界稍微有点新机外，别的还有什么？书画是我们的国粹，都是模仿古人的；古人的书画，是有钱的收藏了，作为奢侈品，不是给人人共见的；建筑雕刻，没有人研究；在嚣杂的剧院中，演那简单的音乐、卑鄙的戏曲；在市街上散步，只见飞扬尘土，横冲直撞的车马，商铺门上贴着无聊的春联，地摊上出售那恶俗的花纸。在这种环境中讨生活，什么能引起活泼高尚的感情呢？所以我很望致力文化运动诸君，不要忘了美育。

（此文于1919年12月1日刊在《晨报副刊》）